LA
VIE RURALE

DANS

la Région de Saint-Pol

Après la monographie si complète de M. Albert Demangeon ([1]), il peu sembler quelque peu téméraire de reprendre l'étude d'une partie quelconque de l'immense plaine crayeuse du Nord de la France : mais pour aucune, sans doute, la difficulté de l'entreprise n'apparaît aussi considérable que pour la « Région de Saint-Pol », à laquelle, postérieurement à M. Albert Demangeon, le regretté François Laude a encore consacré un certain nombre de pages substantielles ([2]).

Il y a lieu de remarquer, néanmoins, que depuis la publication de ces travaux, des années ont passé — dont quatre de Guerre — qui ont amené dans l'économie de nos contrées septentrionales des changements plus profonds peut-être que partout ailleurs. En fait, nous trouvant appelé à résider à Saint-Pol, il nous a paru intéressant d'essayer de fixer en une sorte d' « instantané » la physionomie actuelle de la région dont ce chef-lieu d'arrondissement est le centre.

Pour ce faire, nous avons cru inutile (sauf en des cas exceptionnels) de retracer l'évolution de la vie rurale aux dix-huitième et dix-neuvième siècles : aussi bien nos prédécesseurs s'étaient-ils déjà acquittés de ce soin ([3]). Nous nous sommes contenté de procéder de novembre 1921 à mai 1922 à

([1]) A. Demangeon. — *La Plaine Picarde* (Paris, 1905).

([2]) F. Laude. — *Influence de la région minière sur les Cultures, les Modes de Cultures et la Population de la région de Saint-Pol* (Bulletin de la Société de Géographie de Lille, Janvier, Février, Mars 1914).

([3]) Ouvr. cit. et en outre : F. Laude. — *Les Classes Rurales en Artois au XVIIIe siècle* (Arras, 1914).

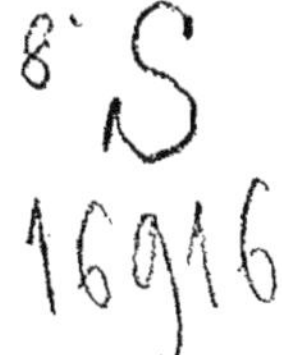

une enquête personnelle auprès des compétences agricoles du pays. Ce sont les résultats de cette enquête qui, de préférence à toutes données de seconde main, ont été exposés dans les pages qui suivent.

Nous saisissons avec empressement l'occasion de remercier ici nos nombreux informateurs et plus particulièrement :

MM. Edmont, Maire de Saint-Pol ; Demazure, Professeur spécial d'Agriculture à Saint-Pol ; Colmant, Administrateur-délégué pour les affaires commerciales de la Société d'Agriculture de Saint-Pol ; — de Wazières fils, Agriculteur à Foufflin-Ricametz ; G. Harduin, Agriculteur, Conseiller Général, Maire de Bonnières ; Martin, Agriculteur au Parcq ; Therny, Agriculteur à Gauchin ; Maillet, Agriculteur à Tangry ; — et enfin, tous les instituteurs-secrétaires de mairie, qui ont bien voulu nous documenter de vive voix, ou remplir, au prix de recherches parfois laborieuses, les questionnaires détaillés que nous leur avons transmis (¹).

INTRODUCTION

En quel sens peut-il être question d'une « Région de Saint-Pol » ? Comment peut-on la définir géographiquement ? — Quelques observations préliminaires nous paraissent nécessaires sur ce point qui ne laisse pas que d'être assez délicat.

Le voyageur qui se rend d'Arras à Hesdin par Saint-Pol n'est pas sans éprouver l'impression d'une transformation dans l'aspect du paysage : celui-ci devient en effet de plus en plus varié. Peu à peu, les calmes horizons des plateaux limoneux de l'Est font place vers l'Ouest à des croupes plus heurtées où le limon ne subsiste plus qu'en plaques discontinues sur lesquelles, çà et là, se sont établis de gros villages : Tangry et Valhuon, au Nord de Saint-Pol, Croix et Humières entre la Canche et la Ternoise, Bonnières et Vacquerie-le-Boucq entre l'Authie et la Canche. Mais à part ces quelques exceptions — d'ailleurs remarquables — on observe qu'aux agglomérations massives des cantons d'Aubigny, d'Avesnes-le-Comte et même de

---

(¹) 71 de ces questionnaires — adressés exclusivement à des instituteurs (ou quelquefois à des institutrices) attachés aux mairies depuis plusieurs années déjà et réputés au courant des questions agricoles — nous ont été retournés remplis. Nous les avions classés en 4 séries : A. Céréales, engrais, machinisme, 24 ; B. Cultures industrielles, 19 ; C. Élevage, 16 ; D. Population, 12. Aussi souvent que possible nous avons contrôlé les chiffres qui nous étaient fournis, et ceux dont nous avons cru pouvoir faire état peuvent être regardés comme serrant la réalité d'assez près.

Saint-Pol, succèdent dans ceux d'Heuchin, du Parcq et d'Auxi-le-Château, des villages plus libres dont le clocher se profile à travers des rideaux de grands arbres. Toute une économie nouvelle se fait jour. Entre Aubigny et Saint-Pol, c'était encore la culture de la betterave sucrière qui, avec celle du blé, également fondée sur une utilisation rationnelle des engrais chimiques, constituait la source de richesse la plus importante : l'élevage ne jouait qu'un rôle secondaire. Aux approches d'Hesdin, les champs de betterave sucrière disparaissent. Une terre végétale moins épaisse, formée surtout de résidus de décalcification de la craie, « argile à silex » ou « bief », se montre surtout favorable aux cultures destinées à l'alimentation des animaux (betterave fourragère, pomme de terre, avoine, seigle) en même temps qu'elle se prête assez bien à l'établissement des prairies artificielles (luzerne, trèfle, etc.) et des pâtures à pommiers. Le paysan est tourné vers l'élevage : il semble que déjà le voisinage du Boulonnais s'annonce. Peu enclin encore, le plus souvent, à l'emploi des engrais chimiques, il s'efforce de faire sortir de ses étables des quantités importantes de fumier pour l'amendement de ses champs et de purin pour l'engraissement de ses prés.

Ainsi entre l'Est et l'Ouest de la « Région de Saint-Pol » différents sont les sols et les modalités de leur mise en valeur. Différentes aussi sont les mentalités. A l'Est, les méthodes modernes d'une culture intensive ont largement ouvert les esprits : il n'est point de perfectionnement auquel le paysan soit aujourd'hui inattentif (¹). L'Ouest est resté plus longtemps en dehors de la circulation générale : la foi dans les procédés traditionnels y est demeurée vivace, pour ainsi dire, jusqu'à présent. Rien n'est plus instructif à cet égard que d'observer la façon dont l'usage des engrais chimiques s'est propagé dans la contrée (*Carte 1*). Le mouvement, qui a marché de pair avec l'introduction et les progrès de la betterave sucrière que nous étudierons ultérieurement, s'est déclenché vers l'Est, à Hermaville, à Savy-Berlette, et aussi dans les grosses exploitations des environs immédiats de Saint-Pol. Au début du siècle, on le voit s'étendre à la zone intermédiaire. Puis il déborde vers l'Ouest par les vallées de la Canche et de la Ternoise pour de là monter à l'assaut des plateaux où quelques villages, éloignés des voies de communication, comme Vacqueriette, Erquières, Tramcourt, Humières, résistent encore. Pour que le paysan de l'Ouest en vînt à se convertir à l'usage des engrais chimiques, il a fallu que des expériences répétées, puis qu'une pratique prolongée eûssent victorieusement démontré dans l'Est l'efficacité de ceux-ci : encore son idéal, dans la plupart des cas n'est-il pas tant de produire mieux et plus, au prix de quelques sacrifices, que de récolter un peu en ne dépensant presque rien (le fumier mis à part). La routine qui est une forme de l'esprit d'imitation dont le but est de

---

(¹) Il convient de signaler que, dès 1845, la création du chemin de fer de Paris à Lille par Arras a exercé en ces parages une influence bienfaisante.

reproduire sans variante ce qui a été établi par les ancêtres, ne peut être définitivement vaincue que par une orientation nouvelle de l'esprit d'imitation : c'est l'exemple de quelques gros agriculteurs qui peu à peu sera suivi jusque dans les moindres villages. Il faut reconnaître que la Guerre a eu, sous ce rapport, un heureux effet. Pendant des années le fermier a eu dans ses murs des soldats — français et étrangers — de toutes origines et de toutes professions. A leur contact, il est sorti de sa solitude et s'est ouvert aux choses du dehors. Son fils, éloigné du foyer par la Guerre, a fait table rase de bien des préjugés. A la suite de ces années terribles, une race nouvelle de paysans est née, aussi tenace que sa devancière mais plus accessible au Progrès.

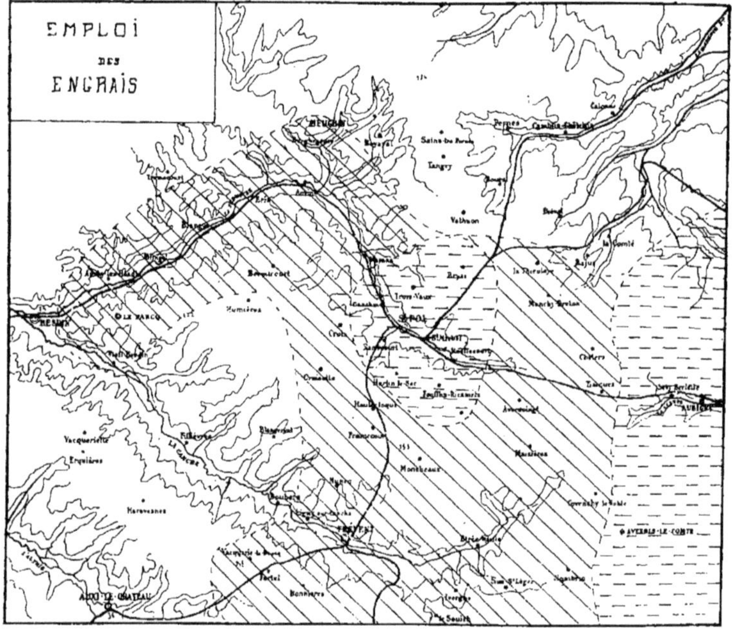

Fig. 1 — **Carte**(1) **de l'emploi des engrais chimiques** (Échelle du 1 : 400.000).

A) *Les traits discontinus* signalent les localités qui employaient les engrais chimiques dans la période 1880-1890.

B) *Les hachures en diagonale* indiquent les progrès de cet emploi des engrais de 1890 à 1905.

C) Les autres localités (*parties laissées en blanc*) n'emploient les engrais chimiques que depuis peu d'années (1905-1914).

(1) Les éléments du fond de nos Cartes (*Fig. 1 à 7*) ont été empruntés au 1 : 200.000 (feuille de Lille). Quelques courbes seulement ont été retenues (40 — 80 — 120 m.) : elles n'ont d'autre objet que d'indiquer *schématiquement* le développement et l'encaissement des vallées et de permettre au lecteur d'apprécier leur influence sur l'évolution et l'extension des différentes formes de l'activité agricole. Les *dates* — approximatives — ont été données d'après nos renseignements oraux et nos questionnaires. Quant aux *limites actuelles*, leur tracé procède de nos observations personnelles sur le terrain.

Dans les parages de Saint-Pol, confinent donc deux types d'économie rurale dont l'évolution n'est pas encore achevée. Mais ces deux types ne sont pas nettement tranchés : en maints endroits, ils se mêlent et ce n'est que très progressivement que l'on passe de l'un à l'autre. Entre les deux, Saint-Pol constitue à la fois un lien et un centre. Ce gros bourg de 5.000 habitants est un carrefour de routes et de voies ferrées (¹). Une fraction notable des produits agricoles des campagnes avoisinantes s'écoule par le canal de ses marchés hebdomadaires et de ses foires de printemps et d'automne. Aussi pourrait-on — en l'absence de tout principe physique de démarcation — être tenté d'assigner comme limites à la « Région de Saint-Pol », celles du rayon d'attraction du marché de la ville. On conçoit qu'une solution aussi simple et en apparence aussi logique puisse séduire l'esprit. Mais, s'y arrêter n'en serait pas moins, à notre avis, une erreur. Jusqu'où en effet l'attraction de Saint-Pol se fait-elle sentir ? Les marchés hebdomadaires ne tiennent sous leur dépendance que la haute vallée de la Ternoise : leur action se heurte bien vite à celle des marchés de Pernes, d'Aubigny, d'Avesnes-le-Comte, de Frévent, etc. Par contre, l'action des foires de printemps et d'automne s'étend jusqu'à Hesdin, au Bas-Pays, à la région minière, à Arras, à la vallée de l'Authie. Mais les foires d'Arras, Hesdin, Desvres ne sont pas sans faire sentir aussi leur influence sur la « Région de Saint-Pol » et les rayons d'attraction de tous ces centres d'échanges s'interfèrent entre eux et avec celui de Saint-Pol. Une pareille « Région » — à laquelle aucun nom de pays n'a d'ailleurs jamais été attribué dans l'Histoire — ne saurait être interprétée comme une région géographique autonome (²). Elle n'est à vrai dire autre chose qu'une zone de transition.

C'est à ce titre qu'elle nous a paru digne de fournir le cadre d'une étude de géographie humaine. Ce cadre se définit par contraste ou par passage graduel aux pays mieux individualisés de la périphérie. Au Nord, la région minière se sépare nettement de la région agricole. Ailleurs, la démarcation est souvent moins facile. On peut toutefois se rendre compte qu'à l'Est, l'influence d'Arras ne prévaut qu'au-delà d'Aubigny et d'Avesnes-le-Comte, et qu'à l'Ouest tous les planteurs de tabac jusqu'aux portes d'Hesdin gardent les yeux tournés vers le chef-lieu d'arrondissement. Enfin, au Sud, à la lisière de la Picardie, a cours un proverbe qui rattache à l'Artois, Auxi-le-Château et ses environs :

> « Un Picard et un leu
> N'ont qu'eun'âme pour eux deux »

(¹) Arras-Boulogne et Lille-le Tréport.

(²) L'appellation de " Ternois " (*Pagus tarrannensis*) qui servit à désigner à l'origine le diocèse de Thérouanne (*Tarvanna*), et dont le souvenir s'est perpétué dans les suffixes de certains noms de villages comme Œuf-en-Ternois, Gouy-en-Ternois, est dépourvue de toute valeur géographique.

Au delà de Sus-Saint-Léger prédomine l'influence de Doullens ; au-delà d'Auxi-le-Château et de l'Authie, celle d'Abbeville commence : on passe au Ponthieu.

Sans doute ces tracés — qui ne correspondent à aucun accident naturel de quelque ampleur — sont-ils quelquefois incertains : mais c'est là précisément le caractère des confins d'une zone de transition. Et l'aire de terrains d'aptitudes diverses qu'ils circonscrivent est assez considérable pour que l'on comprenne l'importance géographique de ces vastes espaces qui relient les plateaux de la Vieille-Picardie des cantons de Crécy et de Bernaville à la Contrée-Noire, hérissée de cheminées d'usines et de terrils aux formes géométriques, et le sol tourmenté du Haut-Boulonnais aux molles ondulations qui signalent l'approche de l'opulente plaine d'Arras.

I

LES CULTURES (1).

Il n'est pas dans notre objet de traiter le problème technique de l'assolement. Toutefois, nous ne croyons pas inutile d'indiquer brièvement l'ordre de succession et de rotation des différentes cultures avant d'entreprendre l'étude de chacune d'elles.

L'assolement est toujours triennal.

Jusqu'au dix-huitième siècle, le repos de jachère fut considéré comme obligatoire. La culture du blé étant, comme de nos jours, la culture fondamentale, le cultivateur la plaçait en tête de l'assolement de façon à obtenir

---

(1) Il n'y a pas lieu d'exposer ici l'histoire de la conquête des domaines forestiers par l'agriculture. Mais il n'est pas dépourvu d'intérêt de constater combien peu de chose il reste des forêts d'autrefois : de défrichement en défrichement, on en est arrivé à n'en laisser subsister que de rares « témoins » comme les bois de Labroye, de St-Pol, d'Eressin, de Crépy. Encore vivent-ils d'une existence inquiète : la scie de l'industriel les menace d'une disparition prochaine. Pendant tout le dix-neuvième siècle, l'établissement des puits de mines et la création du réseau télégraphique fit promener la hache à travers les taillis. La Guerre vint aggraver les progrès de la destruction : partout, on vit s'installer des scieries militaires, qui enlevèrent aux bois leurs plus beaux spécimens pour l'affermissement des tranchées.

Avec la paix, la tranquillité n'est pas hélas ! revenue dans les forêts : la réfection des mines, la reconstitution des « régions dévastées » ont pour contre-coup de nouvelles dévastations. Beaucoup de bois ont été achetés par la Direction des Mines de Bruay, qui, pour en faire des poteaux de mines, n'hésite pas à opérer parmi eux de vastes trouées. Il y a dans ce déboisement excessif, un sérieux danger pour l'agriculture, car la disparition de l'eau n'est pas sans relation avec celle des arbres.

une bonne récolte d'une terre bien reposée et aussi largement engraissée que le permettait le peu de fumier dont il disposait (¹).

Au dix-huitième siècle, sous l'influence de la Flandre, les textiles et les oléagineux vinrent dans l'assolement prendre en partie la place des jachères. Mais dès la seconde moitié du dix-neuvième siècle, les cultures de lin, œillette et colza qui s'étaient établies, durent subir une réduction considérable par suite du développement sur le marché français de la concurrence étrangère : il fallut faire appel à des cultures de remplacement (²).

C'est alors que l'Est et l'Ouest commencèrent à réagir différemment. Dans l'Est, la betterave sucrière fut admise dans l'assolement. On la plaça généralement en tête de la rotation (première sole). Dans l'Ouest, on préféra ne point s'aventurer dans une entreprise qui apparaissait comme de rapport inconnu et de dépense certaine et l'on se mit à convertir des champs en prairies artificielles et en pâtures. Une même cause a produit deux orientations agricoles différentes.

Quoi qu'il en soit, on voit que l'assolement est resté constamment triennal (³), quelle que fût la nature des plantes enfermées dans son cycle. Les variations des cultures n'ont porté que sur une sole, et les céréales ont gardé une importance primordiale.

LES CÉRÉALES.

De tout temps, deux soles sur trois ont été réservées aux céréales. Formant la base même de la nourriture des hommes et des animaux, elles s'avèrent en effet comme indispensables à la ferme.

Au dix-neuvième siècle, les demandes des marchés devenant plus pressantes, l'agriculteur s'est doublé d'un négociant. Il a recherché les cultures susceptibles de lui faire gagner davantage et s'est trouvé amené ainsi, à rejeter de ses champs certaines céréales — comme le seigle et l'orge — de peu de valeur commerciale et à s'adonner au contraire plus intensément à la culture du blé dont la vente n'a cessé de produire des bénéfices très appréciables.

A. — LE BLÉ.

La culture du blé, la plus ancienne dans la région, occupe le tiers environ du territoire agricole — une sole entière lui étant généralement réservée —. Elle demeure très importante, mais s'est orientée dans un sens nouveau.

(¹) Pour le détail de cette question, voir F. LAUDE, *Les Classes Rurales*.... ouvr. cit.

(²) Nous aurons à revenir sur ces événements.

(³) Cependant, nous aurons à mentionner plus loin une variante de l'assolement ordinaire.

Ce qu'autrefois, l'agriculteur recherchait avant toute chose, c'était la production de la paille, dont il n'avait jamais trop, tant pour la nourriture de son bétail que pour la confection des litières. Aussi ne prêtait-il qu'une attention médiocre au grain, qui « venait » toujours en assez grande abondance pour répondre aux besoins de la maison et même pour donner quelque profit par sa vente, mais cette opération ne jouait qu'un rôle auxiliaire : elle n'avait d'autre objet que d'écouler le surplus de la récolte.

Bientôt cependant, le bassin houiller, dont la population de plus en plus dense était dans l'obligation de demander sa subsistance aux contrées voisines, offrit au blé de la région de Saint-Pol un facile débouché. — Malheureusement, en même temps, la campagne se dépeuplait au profit de la mine et des usines. La main-d'œuvre devenait rare — et par là même, très chère. Pour économiser des bras, on dut opérer des conversions en prairies, en pâtures, et le domaine des céréales diminua.

« Blé du Pays » et blés étrangers sélectionnés. — Alléché par la hausse croissante des prix, le paysan tenta alors de résoudre le difficile problème de produire davantage avec des champs réduits en étendue : il s'intéressa à l'amélioration du rendement. Il imita les uns, sollicita les conseils des autres, fit lui-même quelques essais qui, souvent, furent décisifs et se rallia finalement à l'emploi des engrais. Mais à ce changement dans les méthodes, devait correspondre une amélioration dans la valeur des semences. Celles qu'on employait jusqu'alors — peu ou pas renouvelées — étaient simplement constituées par une partie de la récolte de « blé du Pays » [1].

Ce « blé du Pays » était soumis à la verse, surtout par terre grasse et dans les années humides : sa paille que — à cause de sa hauteur — parvenaient déjà difficilement à couper d'une façon convenable en temps ordinaire les moissonneuses-lieuses, devait alors être fauchée à la main, ce qui entraînait une grande perte de temps et une grosse dépense.

Enfin — dernier inconvénient, mais non le moindre — il « venait » mal après une année de betteraves, la récolte de celles-ci s'opérant tardivement.

Ne répondant plus aux besoins nouveaux du cultivateur, il devait être condamné. En fait, nous le voyons disparaître, au début du siècle, du domaine des grandes exploitations comme du terroir des villages situés sur des îlots de fertile limon. Il est aujourd'hui refoulé, comme en ses derniers réduits, dans les endroits que la nature même de leur sol place dans des conditions agricoles désavantageuses : Diéval qui le conserve sur de fortes

---

(1) Cette pratique paraît avoir été la cause de la diminution constante du rendement moyen en quantité et en poids. Peut-être faut-il aussi tenir compte d'un épuisement probable de la terre en phosphate — auquel on aurait pu facilement remédier par une meilleure connaissance de la valeur respective des différents engrais (Questionnaire de M. CATTELIN, du Souich).

étendues, n'offre pas moins de 200 hectares de bois et de terres incultes sur une superficie totale de 1200 hectares [1]. Ailleurs, on ne le rencontre plus guère que de loin en loin, semé, comme à Nuncq [2], par des ouvriers agricoles, propriétaires ou tenanciers de quelques ares de terrain, heureux d'avoir une récolte, suffisante pour l'année, d'un blé excellent, avec lequel ils peuvent faire leur « pain de ménage ». Encore est-il à prévoir que même ceux là le délaisseront bientôt car, depuis une vingtaine d'années, nombreux sont devenus les villages, où se trouve une boulangerie munie d'un pétrin mécanique qui fournit de pain un groupe plus ou moins considérable de communes. Les ménagères jugent superflu de consacrer à la fabrication d'un pain qu'il leur est aisé désormais de se procurer, une matinée de dur travail, par semaine. Mieux vaut, leur semble-t-il, vendre la récolte au moulin voisin, et comme le minotier achète au poids, sans s'inquiéter beaucoup de la qualité, le petit exploitant est amené à son tour à remplacer le blé de pays, au rendement insuffisant — environ 20 hectolitres de 76 kilos à l'hectare — par des variétés étrangères susceptibles de lui assurer, par une récolte plus abondante, un bénéfice plus important.

Le rendement. — Le problème se posait donc ainsi : trouver des blés, à caractère plus commercial, capables de supporter un semis tardif — ce qui devait permettre de donner toute son importance à la betterave à sucre — de résister à la verse, grâce à une tige rigide et courte, facilement attaquable par la moissonneuse-lieuse, de donner un rendement supérieur.

Ces diverses qualités se sont rencontrées dans les blés anglais sélectionnés, qui ont vu leur vogue augmenter d'année en année [3].

A Savy-Berlette [4], riche commune du canton d'Aubigny, on récoltait à l'hectare en 1880 une moyenne de 22 hectolitres de 76 kilos ; 20 ans après, si le nombre des hectolitres est resté le même, on constate que le poids est devenu plus considérable — 78 kilos. Enfin avec l'année 1920, nous atteignons l'énorme rendement moyen de 30 hl. de 80 kilos. Pendant ce temps, Tincques [5], avec les mêmes poids relatifs passe de 17 à 25 hl. Même progression à Foufflin- Ricametz [6] qui donne 18 hl. en 1890 ; 22 en 1900 ; 25 en 1910 ; 28 l'année dernière. A l'Ouest de Saint-Pol, l'élévation du rendement s'exerce sur une échelle moins vaste. En quarante ans, Fillièvres [7] n'accuse que 3 hl. d'augmentation (de 15 à 18) et Humières [8] 5 (de 15 à 20) ; Blangy-sur-Ternoise [9], encore peu adonné aux pratiques nouvelles et

---

[1 et 2] Questionnaires de MM. Forully [1] et Mouray [2].

[3] On suit facilement, dans les statistiques, les progrès réalisés par l'emploi conjugué des engrais et des blés étrangers.

[4 à 9] Questionnaires de MM. Théry [4], Morel [5], Mme Balavoine [6], Baudrey [7], Mme Lesot [8], M. Bourdon [9].

desservi par un sol trop inégal, reste sensiblement au même chiffre (20 hl.). Mais partout le poids augmente, assez brusquement, à l'époque où s'introduit l'emploi des engrais chimiques : c'est au commencement du siècle que l'hectolitre passe de 76 à 78 kilos et généralement après la Guerre, qu'il atteint 80 kilos.

Depuis 1918, il semble que le mouvement dessiné pendant les hostilités en faveur du blé, se soit accentué. Presque partout le blé retrouve son ancien prestige. Dans le canton du Parcq, c'est la culture la plus importante ; dans ceux d'Aubigny et d'Avesnes-le-Comte, elle tient tête à la betterave : les 200 hectares que, vers 1890, les cultivateurs de Savy-Berlette (1) lui consacraient, réduits à 175 en 1912, tendent actuellement à se retrouver au complet. Fillièvres (2) lui fait de nouveau confiance et lui ouvre plus largement l'assolement. Après avoir en trente ans, retiré au blé une soixantaine d'hectares, Roëllecourt (3), l'a au cours de ces huit dernières années doté d'environ 80 hectares. On peut dire que, malgré une certaine réduction des emblavures, provoquée en quelques villages par la crise de la main-d'œuvre ou par les défauts de la terre, dans l'ensemble, la situation du blé reste bonne, grâce à la chute successive des oléagineux, des textiles, des féverolles — et à sa plus-value actuelle (4).

En faveur de cette culture la sollicitude se fait plus grande, plus inquiète. On ne lui ménage plus autant les engrais et dans les villages qui commencent seulement à les employer, les premières expériences se font sur le blé car c'est surtout à cause de lui que l'on se décide à effectuer des dépenses nouvelles.

(1 à 3) Questionnaires de MM. Théry (1), Baudrey (2), Carpentier (3).

(4) Quelques cultivateurs, soucieux de faire rendre à leurs terres le maximum, dans le moins de temps possible, ont fait usage d'une variété de l'assolement ordinaire. On sème du trèfle avec du blé. La paille du blé fournit un fourrage apprécié et après la moisson, le champ reste libre pour le trèfle, qui fournit une prairie pour les bestiaux durant l'été et l'automne. On le fauche l'année suivante pour en faire du foin. La même année on a ainsi deux récoltes consécutives. A l'Est de Saint-Pol, partie plus spécialement agricole, à Givenchy-le-Noble, à Foufflin-Ricametz, à Tincques, et dans les grosses fermes qui entourent Saint-Pol, cette variété d'assolement a une tendance à se développer car elle assure la nourriture des bestiaux et donne une récolte de blé, sans qu'il en résulte une augmentation de travail pour le cultivateur. A l'Ouest, cette pratique est l'exception. La betterave sucrière n'étant pas cultivée, on a des champs nombreux à consacrer aux prairies artificielles. On la rencontre cependant, en quelques coins assez fertiles, comme Auchy-les-Hesdin. C'est un sérieux progrès, car en dix ans, la terre nourrit 5 sortes de produits : 1° Blé avec trèfle ; 2° Trèfle ; 3° Pommes de terre ; 4° Blé ; 5° Avoine ; 6° Betteraves fourragères ; 7° Blé (d'après le questionnaire de M. Vast, d'Auchy-les-Hesdin). Mais dans la plupart des villages on l'ignore ou on ne l'emploie plus, une première expérience fâcheuse ayant découragé l'agriculteur, comme à Valhuon où le trèfle coupé à l'automne n'a produit qu'une récolte insuffisante.

Sans doute, dans l'Ouest, les conditions particulières d'une économie rurale orientée surtout vers l'élevage poussent le paysan, qui dispose d'un fumier abondant, à compter un peu trop sur celui-ci pour donner à sa sole de blés tout ce qui lui est nécessaire : on sait d'ailleurs que les vieilles traditions sont encore trop souvent en honneur dans cette partie de la région de Saint-Pol. Mais à l'Est, où l'on est de vues plus larges, on comprend que les débours seront amplement couverts par l'excellence des résultats. Déjà la betterave sucrière dont l'introduction, comme nous le verrons plus loin, a puissamment aidé les esprits à évoluer, fournit au blé, qu'elle précède dans l'assolement, une terre bien préparée non seulement par suite de ses exigences en engrais et en façons culturales (labours, sarclages, etc.), mais aussi par l'amendement de grande valeur qu'elle fournit elle-même au sol, sous la forme de l'azote contenu dans ses feuilles qui, séparées de la racine au moment de la récolte, sont plus tard « enfouies ». En dépit de ces avantages, le cultivateur de ces contrées n'hésite pas à livrer à la terre une moyenne de 500 kilos de potasse d'Alsace à l'hectare (¹). A Ternas et à Foufflin-Ricametz (²), ce chiffre s'élève même à près de 1.000 kilos. A Roëllecourt (³), on préfère le superphosphate à raison d'environ 150 kilos à l'hectare.

Au contraire, à l'Ouest, Vacqueriette (⁴) n'achète guère plus de 60 francs de superphosphate par hectare, ou encore 90 francs de nitrate lorsque les blés sont « malades » en mars. A Sains-les-Pernes, on n'est pas plus avancé : le paysan, sans esprit d'initiative, réalise bien lentement des progrès, car il n'est dans cette commune aucun gros agriculteur dont l'exemple puisse le stimuler. A Blangy-sur-Ternoise (⁵) par exception, les agriculteurs font de grands sacrifices : l'on estime en effet que sur un total de 900 francs (location comprise) auquel leur revient un hectare, ils comptent près de 400 francs d'engrais (⁶).

(¹) Questionnaire de M. Théry.

(²) Renseignement oral de M. de Wazières fils.

(3 à 5) Questionnaire de M. Carpentier (³), Mlle Hannedouche (⁴), M. Bourdon (⁵).

(⁶) Dans cet ordre d'idées, il convient de noter les services qu'a rendus la création d'un Syndicat d'Achat. Longtemps, le cultivateur a été la victime de certains marchands d'engrais qui, se fiant à son inexpérience, commettaient de véritables escroqueries. M. de Wazières père, de Foufflin-Ricametz, comprit que le meilleur remède contre ces abus était l'union des agriculteurs de l'arrondissement. Vers 1895, il prit l'initiative de constituer un Syndicat destiné à centraliser les demandes du plus grand nombre possible de cultivateurs afin de pouvoir traiter directement avec les producteurs sans passer par les intermédiaires. Peu à peu, ce Syndicat a réussi à étendre son action et plusieurs dépôts d'engrais ont été créés dans la région (à Aubigny, à Frévent, etc). Toutefois il est encore difficile de lutter contre l'emploi sans intelligence des « engrais composés » pour lesquels le commerce fait une grande réclame. (D'après les renseignements de MM. de Wazières fils, Colmant et Cattelin).

La vente. — Si importantes que puissent être les dépenses effectuées par le cultivateur, il n'a presque jamais lieu de s'en repentir en présence des sérieux bénéfices que lui procure la récolte suivante.

La Guerre a fait monter considérablement le prix marchand des blés, une partie — la plus fertile — de notre territoire se trouvait envahie et c'était un redoutable problème que celui du ravitaillement du pays avec un nombre de bras réduit et une étendue productrice diminuée. Ces conditions, déjà pénibles, s'aggravèrent encore, au moment où les grands pourvoyeurs de blé, la Russie et la Roumanie, virent la révolution ou l'invasion paralyser entièrement leur activité commerciale. Malgré l'aide américaine, la France dut compter avant tout sur elle-même. Aussi l'attention du gouvernement se tourna-t-elle vers l'agriculteur. On le magnifia, on exalta son rôle social, on l'encouragea de toutes les manières à produire : la culture du blé devenait une préoccupation nationale.

En fait, la production augmentait mais était loin de suffire aux besoins du pays et les prix montaient toujours. L'agriculteur ayant remarqué que le cours de cette céréale était de plus en plus haut, pensa qu'il n'avait aucun intérêt à vendre sa récolte immédiatement ; il était bien plus habile d'en réserver une notable quantité pour le moment où par la force des choses, les prix seraient devenus encore plus avantageux. Gagner du temps, c'était gagner de l'argent.

Justement soucieux de connaître la situation agricole et de savoir dans quelle mesure le sol français pouvait répondre aux exigences de l'alimentation du pays, le gouvernement créa des « Contrôleurs de Stocks ». Mais le paysan se défia d'eux et ne leur donna que de fausses indications. « Il montera encore » disait-il en parlant du blé. En 1918 le quintal atteignit 73 francs ; 100 francs en 1919-1920. Cette année là, l'Etat pour parfaire la quantité de grains nécessaire, acheta de grandes provisions de blé à l'étranger. En 1921, sur la foi des renseignements obtenus dans les campagnes par les « Contrôleurs de Stocks », il crut utile de renouveler l'opération ; il le fit au cours de 110, 120 et même 130 francs le quintal. Or, il se trouva que l'année 1921 donna une récolte exceptionnellement importante. Par une conséquence logique, le prix du blé baissa et d'autant plus sensiblement que l'Etat fut contraint de vendre aux minotiers, à des prix très bas — 56 à 60 francs le quintal, — ses blés d'importation attaqués par les charençons.

Les cultivateurs ne cessent de gémir devant cet état de choses. Les prix restent néanmoins assez élevés pour que la culture du blé demeure rémunératrice. Le producteur n'a d'ailleurs plus à s'inquiéter des débouchés : on vient le solliciter à domicile. Les chemins de fer ont tué les périodiques « marchés aux grains » où le paysan conduisait sa récolte à époque fixe sans être assuré de la vendre. Il s'est créé depuis une quarantaine d'années, une classe nouvelle de commerçants, celle des marchands de grains — souvent anciens agriculteurs — qui achètent sur échantillons ou encore à domicile en parcourant le pays de ferme en ferme (¹). Ces intermédiaires sont en relations avec de grandes minoteries. Les marchands de Frévent, de Saint-Pol, d'Hesdin, tout en alimentant la région, ravitaillent le bassin houiller et l'agglomération de Lille-Roubaix-Tourcoing. Ceux de Bouquemaison qui, avant la guerre, expédiaient leurs blés à Corbeil, les vendent maintenant à Lille. Ceux d'Aubigny, Savy-Berlette et Tincques, reçoivent les commandes des minoteries d'Arras. Parfois le gros cultivateur n'emploie aucun intermédiaire et négocie directement avec les minoteries. D'autre part, l'action des meuniers locaux s'est accrue. Le matériel s'est perfectionné : la voiture à deux chevaux a fait place au camion automobile. Les moulins de la Ternoise, en amont de Saint-Pol, ont adopté le gaz pauvre en attendant que l'électricité que va dispenser dans toute la région la Société « la Béthunoise », devienne moins chère et moins capricieuse (²). Déjà les minoteries de Houdain et de Lapugnoy, mues par l'électricité, ont pris un remarquable développement qui appelle le drainage des blés récoltés au nord de Saint-Pol.

En résumé, le blé, après une période de crise grave causée par le défaut de main-d'œuvre, reprend une importance de premier plan, grâce à des circonstances économiques favorables.

B. — Avoine, Seigle et Orge.

C'est encore aux céréales qu'est réservée la seconde sole : l'avoine, le seigle, l'orge se la partagent. Leur fortune fut diverse et offre un saisissant contraste avec celle du blé.

a) *L'avoine*. — La culture de l'avoine est actuellement en voie d'amélioration : on commence à utiliser des avoines étrangères, à rechercher des variétés plus denses, plus lourdes, plus nourrissantes. Les mêmes raisons qui ont amené la disparition du blé de pays font sentir leur action. Mais le paysan ne se résout que difficilement à varier ses méthodes : son attention ne se porte pas sur l'avoine avec autant d'intensité que sur le blé. Le plus souvent il n'en cultive que l'étendue nécessaire à l'alimentation de ses chevaux. Il y a cependant presque partout un accroissement marqué dans les surfaces qui lui sont consacrées : à Humières (³) nous avons 128 ha. en 1921 contre 100 en 1890 et 90 en 1880.

(¹) Plusieurs se sont établis près des gares.

(²) Ce perfectionnement a été la conséquence de l'assèchement récent du cours supérieur de la Ternoise ; la source de celle-ci qui recule sans cesse vers l'aval est maintenant à Gauchin.

(³) Questionnaire de Mme Lesot.

Dans le même espace de temps Vacqueriette [1] passe de 50 à 80 hectares, Sus-Saint-Léger [2] de 90 à 130, Maizières [3] de 100 à 135 et Anvin [4] de 120 à 135. Givenchy-le-Noble [5] et Savy-Berlette [6] suivent ce mouvement. C'est que la pratique de l'élevage s'accentue et qu'en conséquence, les besoins augmentent. Il arrive, mais encore bien rarement, que l'on vende une partie de la récolte, surtout dans les cantons d'Aubigny et d'Avesnes-le-Comte où les rendements sont élevés (ils atteignent à Savy-Berlette 40 hectolitres à l'hectare).

La culture de l'avoine est extrêmement vivace : le sort de cette céréale est d'ailleurs associé à celui du blé, qu'elle suit dans l'assolement depuis un temps immémorial. Il semble que son importance ne puisse que croître, car les nombreux chevaux des mines voisines ne peuvent être nourris par le paysan du Pays Noir. Il y a là une source de profits que le paysan, à notre avis, n'apprécie pas suffisamment.

b) *Le seigle.* — L'intérêt humain que présentait le seigle n'a cessé de s'affaiblir depuis la seconde moitié du dix-neuvième siècle. Très rapidement on s'est rendu compte du peu de sécurité que donnaient les toits de chaume, c'est-à-dire de paille de seigle, et on les a remplacés avantageusement par des toits de pannes.

L'ancien matelas en paille de seigle a disparu des lits de nos campagnes, chassé par la balle d'avoine ou de blé, beaucoup plus moelleuse. On assiste d'ailleurs en ce moment à une dernière évolution : l'aisance augmentant, le désir de bien-être est devenu plus grand ; le matelas de laine tend partout à remplacer les autres.

Mais le coup le plus direct et le plus dur porté à la culture du seigle a été l'introduction dans le machinisme agricole des moissonneuses-lieuses. Beaucoup de cultivateurs conservaient quelques champs de seigle à cause de la paille qui servait à faire des liens : il n'en fut plus besoin avec ces instruments. Du jour où ils firent leur apparition, on vit l'importance du seigle baisser d'année en année. Depuis quarante ans, Savy-Berlette [7] à abandonné à d'autres cultures des champs nombreux longtemps consacrés au seigle : il n'en reste plus aujourd'hui que 8 hectares sur les 27 de 1880. Partout nous constatons une régression analogue. Boubers-sur-Canche [8] n'en conserve plus que 7 sur 12, Tincques [9] 30 sur 80, Anvin [10] 1 sur 4, Vacqueriette [11] 7 sur 12, Le Souich [12] 4 sur 12 et Roëllecourt [13] 20 sur 30.

Malgré l'éloquence de ces chiffres, il est permis de penser que le seigle ne sera pas proscrit entièrement de nos régions et ce, pour diverses raisons :

(1 à 6) Questionnaires de Mlle HANNEDOUCHE [1], MM. DREUILLE [2], LEGRAND [3], ANDRIEUX [4], GERLAC [5], THÉRY [6].

(7 à 13) Questionnaires de MM. THÉRY [7], CARBONNIER [8], MOREL [9], ANDRIEUX [10], Mlle HANNEDOUCHE [11], MM. CATTELIN [12], CARPENTIER [13],

Sa paille est toujours nécessaire à la confection des liens dont on se sert pour les foins, qui ne sont pas liés à la machine. Elle se vend en outre assez facilement aux marchands de Saint-Pol qui l'expédient au dehors en vue de la fabrication des paillassons. Son grain prend actuellement une place nouvelle dans l'économie rurale, surtout vers l'Ouest où on l'utilise pour l'élevage du porc sous forme de mouture. Depuis quelques années, on a, en certains endroits, tendance à lui ouvrir plus largement l'assolement.

Il est à noter, cependant, que son rendement est faible et semble diminuer constamment : 12 quintaux au Souich (¹) et 10 à Fillièvres (²) au lieu de 18 en 1880 et de 21 en 1890. Les 28 quintaux primitifs qu'il donnait à Roëllecourt (³) sont tombés à 20. Humières (⁴) s'étonne d'un rendement moindre du quart. Il est probable que la médiocrité de ce rendement inférieur (⁵) tient au renouvellement trop peu fréquent des semences.

c) *L'orge.* — On ne rencontre plus guère de champs d'orge que dans les grandes exploitations, car le battage de cette céréale a l'inconvénient d'offrir, à cause des barbes de ses épis. de sérieuses difficultés. Une bonne et solide batteuse est nécessaire pour la culture d'une telle plante.

De plus sa vente aux brasseurs de la région n'est pas des plus rémunératrices. On conserve une grosse partie de la récolte pour la donner comme mouture aux porcs et aux bœufs. L'orge est fort avantageusement remplacée par le blé ou le seigle dans les moyennes et petites propriétés.

Pour ces diverses raisons, sa disparition s'affirme comme très prochaine. Il ne reste aucun des 15 hectares anciennement cultivés à Valhuon (⁶), aucun non plus des 25 de Tincques (⁷). Sus-Saint-Léger (⁸) en garde 2 sur 15 à titre de souvenir. Savy-Berlette (⁹) 2 sur les 50 d'antan. Maizières n'en possède plus.

LA BETTERAVE.

La réalité, en culture, se révèle à l'œil de l'observateur comme étant éminemment complexe. Les manifestations diverses de la vie économique sont aujourd'hui si intimement liées les unes aux autres, que la vie du village et le travail de chacun de ses habitants n'existent qu'en fonction des

---

(¹ à ⁴) Questionnaires de MM. Cattelin (¹), Baudrey (²), Carpentier (³), Mᵐᵉ Lesot (⁴).

(⁵) Il y a des exceptions. Le Parcq a un beau poids : 68 kilos avec une moyenne de 20 hectolitres. Valhuon maintient le chiffre élevé de 25 hectolitres (Questionnaires de Mᵐᵉ Poulain et de M. Loir).

(⁶ à ⁹) Questionnaires de MM. Loir (⁶), Morel (⁷), Dreuille (⁸), Théry (⁹).

besoins de la nation et par là même, de ceux du monde. Le paysan a dû lever les yeux au delà des bornes de son champ. Il a appris, surtout dans ces derniers cinquante ans, à supputer la part d'avantages et la somme d'inconvénients que peuvent présenter certaines plantes. Pour répondre à des nécessités nouvelles, il a renoncé à d'anciennes cultures — lin, œillette, colza — et a admis dans l'assolement une nouvelle venue, la betterave à sucre, qui devait atteindre à une haute fortune et modifier très sensiblement l'aspect de nos campagnes.

Apparition et progrès de la betterave à sucre. — A côté des textiles et oléagineux, auxquels elle s'est substituée, la betterave semblait rustique, de profit stable, assuré. A ces qualités essentielles, elle joignait l'appréciable avantage de contribuer par les profonds labours et les nombreux binages qu'elle demande, au nettoyage et à l'ameublissement des terres où elle s'établissait et par conséquent à un meilleur rendement du blé (qui la suit le plus souvent dans l'assolement). Enfin par sa récolte tardive — qui apparut un moment comme un obstacle — elle permet une meilleure répartition des travaux de la ferme dans le temps.

C'est par les riches terres de l'Est qu'elle était appelée à s'introduire tout d'abord ; effectivement, nous la voyons s'avancer en premier lieu, à Savy-Berlette [1] en 1875 et cinq ans plus tard, à Tincques [2], Sus-Saint-Léger [3], Le Souich [4] (*Carte 2*).

Mais de grosses difficultés entravèrent son essor. Une des principales était sa récolte tardive qui, obligeant à semer le blé à une époque anormale, compromettait sa venue. On chercha un remède à cet inconvénient, et on le trouva dans l'emploi des blés anglais sélectionnés qui supportent aisément un retard important dans le semis.

Ce danger était à peine conjuré lorsque se déclara, vers 1885, la grande crise de l'industrie sucrière, provoquée par le prodigieux perfectionnement des procédés agricoles des Allemands, dont les produits faisaient une concurrence victorieuse aux produits français de moindre valeur sucrière. Il fallut modifier nos méthodes, rechercher une plus grande richesse saccharine et adopter, pour ce faire, des variétés allemandes ayant déjà fourni leurs preuves. La « Silésienne », gourmande d'engrais, mais donnant un rendement supérieur à celui des anciennes variétés, en poids à l'hectare, parce que plus resserrée, en qualité, parce que plus abondante en éléments sucrés, fit son apparition dans la région d'Aubigny aux environs de 1890.

Dès lors, cette culture gagne du terrain, chaque cultivateur désirant réaliser

---

(1 à 4) Questionnaires de MM. THÉRY (1), MOREL (2), DREUILLE (3), CATTELIN (4).

les mêmes bénéfices que son voisin. De 1890 à 1900 Maizières [1], Foufflin-Ricametz [2], et Givenchy-le-Noble [3] l'adoptent tour à tour. Vers la même époque, on la voit s'élancer à la conquête des terres limoneuses des plateaux et refoulant œillette et lin, apparaître à Bonnières [4], Fortel [5], Vacquerie-le-Boucq [6], puis de là descendre en 1905 à Boubers-sur-Canche [7].

De même, au Nord, nous observons de bonne heure une avancée rapide de la betterave à sucre sur la large bande de limon que dominent les villages de Monchy-Breton et de la Thieuloye. Un peu plus à l'Ouest, c'est à Tangry et à Valhuon qu'elle pénètre. Bien que le sol fût particulièrement favorable, ces deux villages, à cause de la difficulté que présentaient les charrois, ne tardèrent pas à se repentir de leur initiative, et, après avoir, en 1914, abandonné la betterave sucrière, se consacrèrent à la production du blé et à l'élevage [8].

Cependant que la betterave reculait toujours davantage vers l'Ouest les limites de son domaine, dans chaque village elle accroissait fortement son importance par rapport aux autres cultures ; à Savy-Berlette [9], nous constatons que les 90 hectares qu'on lui donne en 1880 passent à 100 vers 1890, à 125 en 1912. A ces mêmes dates, au Souich [10] on passe de 2 à 10 puis à 13 hectares. Mêmes progrès à Sus-Saint-Léger [11] où les 25 hectares de sucrière de 1885 passent à 35 en 1920 ; Foufflin-Ricametz [12] suit ce mouvement et n'hésite pas actuellement à augmenter du 1/3 l'étendue primitivement consacrée à la betterave (15 hectares en 1900 — 20 en 1922). Cette tendance est encore mieux caractérisée à Givenchy-le-Noble [13] où, au cours des deux derniers lustres, la superficie totale des terrains sur lesquels on cultivait la betterave à sucre, s'est à ce point accrue, qu'aux 6 hectares de 1880 32 autres se sont ajoutés.

Rendement et vente. — L'importance d'une plante dans la culture est fonction non seulement de l'étendue plus ou moins grande de son domaine mais encore de la valeur de son rendement et des conditions de sa vente. Ces facteurs réagissent naturellement les uns sur les autres. Aussi n'est-il pas

---

(1 à 7) Questionnaires de M. LEGRAND [1], Mme BALAVOINE [2], MM. GERLAC [3] DELPLACE [4], THOREL (5 et 6), CARBONNIER [7].

(8) D'après MM. de la CRESSONNIÈRE et LOIR. — De cet exemple on peut rapprocher celui de Fillièvres qui, ayant admis dès 1882 la betterave à sucre dans l'assolement dut la répudier à cause de la difficulté des charrois. L'éloignement des voies de communication a également agi sur les plateaux compris entre la Canche et la Ternoise pour arrêter les essais de culture d'une plante qui créait plus d'ennuis qu'elle ne donnait de profits ; c'est ainsi que la date de son entrée dans l'assolement a été suivie de près par celle de sa disparition, à Bermicourt, à Humières (Questionnaires de M. BAUDRY, de Mme LESOT, etc.)

(9 à 13) Questionnaires de MM. THÉRY [9], CATTELIN [10], DRUILLE [11], Mme BALAVOINE [12], M. GERLAC [13].

étonnant, après ce rapide aperçu des progrès en surface effectués par la betterave sucrière, de constater l'ampleur prise par son rendement. Quelques chiffres en donneront une idée :

Foufflin-Ricametz, sur terroir d'ailleurs favorable, grâce à l'intelligente impulsion donnée par les gros agriculteurs, MM. de Wazières et Petit, fait monter sa production de 12.000 kilos à l'hectare, vers 1890, à 16.000 à la veille de la guerre, à 20.000 à l'heure actuelle. Même ascension à

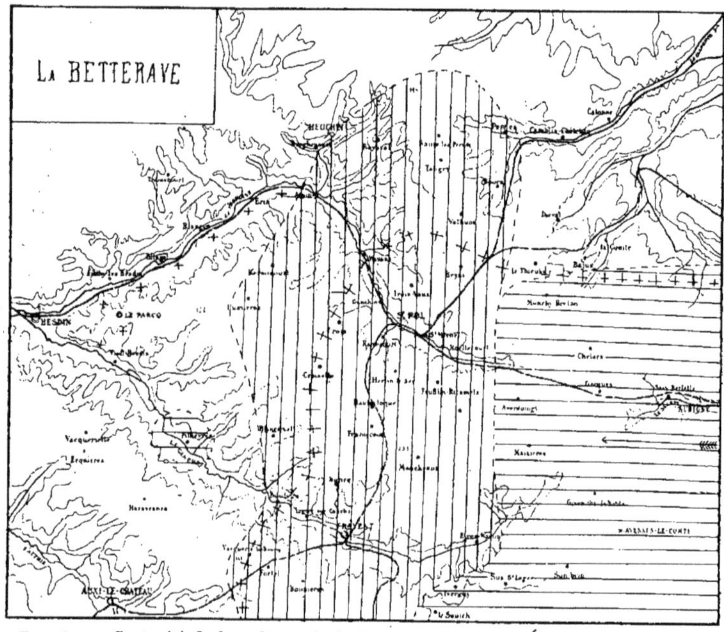

Fig. 2. — **Carte (1) de la culture de la betterave à sucre** (Échelle du 1:400.000).

A) *Hachures horizontales :* localités qui ont adopté la betterave à sucre de 1880 à 1890.

B) *Hachures verticales :* progrès accomplis par la betterave à sucre de 1890 à 1905.

C) *La ligne des croix* donne les limites actuelles *vers l'Ouest* de la culture de la betterave à sucre.

Sus-Saint-Léger. Il arrive même que sur très bonne terre et par année particulièrement favorable (comme celle de 1920) la betterave à sucre atteigne l'énorme rendement de 30.000 kilos à l'hectare (Savy-Berlette).

Ce développement suppose un débouché facile et avantageux : en fait, la prospérité de la sucrerie de Savy-Berlette et l'extension de la culture de la sucrière sont en rapport étroit. Mais il n'en a pas toujours été ainsi. Vers 1890, à la suite de la fameuse crise betteravière, il fallut renouveler le matériel : à une amélioration du rendement devait correspondre un

---

(1) Voir la note (1) de la page 162.

perfectionnement des procédés industriels. Les frais étant d'importance et grevant lourdement son budget, l'usine acheta le meilleur marché possible sa matière première : comme elle était la sucrerie la plus rapprochée, elle spécula sur cet espoir que les cultivateurs, pour éviter les frais d'un transport assez long vers Thumeries et Dainville, se soumettraient à sa volonté. Mais la modicité des prix offerts suscita un profond mécontentement chez les producteurs, qui, à l'instigation et sous la direction de M. de Wazières père, de Foufflin-Ricametz, — dont nous avons déjà signalé l'intelligente initiative dans la question des engrais — s'unirent pour fonder en coopérative une sucrerie à Saint-Pol.

Devant une concurrence qui menaçait de devenir promptement désastreuse, le propriétaire de la fabrique de Savy-Berlette préféra négocier et vendre ses locaux.

Les débuts de la sucrerie coopérative furent pénibles : il fallut solliciter des subventions de l'État et du Département, faire une intense propagande auprès des agriculteurs qui, par méfiance ou inertie se tenaient encore à l'écart. Lorsque, cette crise de croissance se trouvant surmontée, la sucrerie donna de bons résultats, les adhésions vinrent en masse : le nombre des coopérateurs s'élève aujourd'hui à 1.200 environ [1].

L'existence de cette fabrique coopérative eut les meilleurs effets. Ayant dès lors sous la main une sucrerie où il était certain de pouvoir vendre à des conditions avantageuses et aux bénéfices de laquelle il participait, le cultivateur n'eut qu'un désir : produire toujours davantage et fut ainsi amené à utiliser les engrais dans de fortes proportions. Il n'hésite pas en effet à acheter de 800 à 1.000 francs d'engrais par hectare de betterave sucrière.

État actuel de cette culture. — La Guerre a favorisé et favorise encore l'extension de cette culture. Les principales régions betteravières se sont trouvées en 1919 dans l'impossibilité de donner leur plein rendement en raison de leurs champs dévastés et de leurs usines détruites. L'Allemagne et l'Autriche, tombées dans le désordre, ne purent reprendre leurs importations. La région de Saint-Pol bénéficia de cet état de choses exceptionnel. Ce défaut de concurrence se traduisit par des prix élevés qui engagèrent les paysans à accroître leur production. Du même coup, la sucrerie coopérative acquit une importance beaucoup plus grande, étendant son action jusqu'à Auxi-le-Château, à cause de l'abondance de la matière première et de la proximité du bassin houiller qui l'alimente en combustible. Elle est en pleine prospérité à l'heure actuelle et contribue pour une bonne part à l'enrichissement des paysans, ses actionnaires.

Cependant, la culture de la betterave ne pourra plus guère gagner en étendue. Pour lui permettre de s'emparer des dernières bandes de limon,

---

[1] D'après les renseignements fournis par MM. Colmant, de Wazières fils et Théry.

il faudrait une ramification plus complète du réseau ferré et notamment la construction d'une ligne de chemin de fer desservant la vallée de la Canche. La betterave à sucre pourrait alors s'installer dans une contrée qui lui est d'ailleurs très favorable ainsi que l'exemple de Fillièvres l'a montré autrefois d'une façon probante.

La betterave fourragère. — L'Ouest de Saint-Pol, beaucoup plus dénudé et caillouteux, où la betterave à sucre pivote mal, n'a pu retenir que la betterave fourragère. Celle-ci se contente d'une terre moins riche, de soins moins empressés et donne un sérieux bénéfice au cultivateur qui conserve la majeure partie de la récolte pour la nourriture de son bétail et vend le surplus à la distillerie de Ramecourt, laquelle d'ailleurs a vu son importance graduellement diminuer par suite des progrès de la betterave sucrière. La fourragère a toujours précédé la sucrière. Sa culture étant trop considérable pour les seuls besoins de la ferme, on se trouvait amené à faire commerce d'une partie assez importante de la récolte. L'introduction dans la culture de la betterave à sucre a naturellement restreint d'une façon de plus en plus considérable les étendues consacrées à la fourragère qui ne servit plus guère qu'à la nourriture des bestiaux. Ce fut le cas du Souich et de Sus-Saint-Léger. Mais elle reste une ressource intéressante pour les villages qui ne sont pas parvenus à maintenir une plante plus rémunératrice. Aussi en voit-on le trafic s'établir partout où la betterave sucrière ne prospère pas. Il est particulièrement actif là où les voies de communications sont commodes pour le transport des betteraves vers les distilleries de Rue et de Ramecourt. Les cultivateurs réalisent de cette manière un bénéfice appréciable car le prix offert s'élève à 65 francs les 1.000 kilos, soit 1.950 francs pour le produit d'un hectare en 1921.

L'activité du cultivateur s'étant trouvée tout naturellement orientée vers l'élevage, il n'y a pas lieu de s'étonner de l'importance acquise par la betterave fourragère : chaque village, à l'Ouest, peut être considéré comme un grenier à fourrage. Vacqueriette (¹) fait passer ses 4 hectares de 1880 à 8 dix ans plus tard, à 12 en 1900, à 22 en 1912, à 25 en 1921. Aux mêmes dates, à Fillièvres (²), la fourragère marquait sa victoire sur la sucrière en prenant possession des terrains autrefois donnés à sa rivale. Ses 15 hectares primitifs montent à 50 en 1900, à 70 en 1913, à 80 aujourd'hui. A Humières (³) la superficie est doublée : 20 ha. en 1880, 40 en 1920. L'augmentation est encore plus saisissante à Diéval (⁴) qui en quarante ans décuple cette étendue : 10 ha. en 1880, 20 en 1890, 40 en 1900, 75 en 1912, 100 en 1920. Dans ce même laps de temps, Blangy (⁵) la quadruple (46 ha. en 1920 contre 10 en 1880) et au Parcq (⁶) elle passe de 10 à 35 hectares.

Une amélioration sensible s'est opérée depuis quarante ans dans le rendement. Diéval (⁷), Valhuon (⁸), Tangry (⁹) ont vu le leur croître dans des

<hr>

(1 à 9) Questionnaires de Mlle HANNEDOUCHE (¹), M. BAUDREY (²), Mme LESOT (³), MM. FORILLY (⁴), BOURDON (⁵), Mme POULAIN (⁶), MM. FORILLY (⁷), LOIR (⁸), de la CRESSONNIÈRE (⁹).

proportions fabuleuses. De 25.000 kilos à l'hectare en 1880, nous passons en 1895 à 28.000 kilos, à 30.000 kilos en 1912 pour atteindre le chiffre imposant de 35.000 kilos en 1920. Mais ce n'est là qu'une exception, car ces villages sont placés sur des bandes de terrain fertile. Il est certain que le poids moyen à l'hectare pourrait augmenter si le cultivateur n'avait pas peur de dépenser un peu d'argent pour restituer par les engrais ce qu'il prend à la terre. Petit à petit cependant les méthodes nouvelles s'implantent, l'esprit de méfiance s'atténue ; la propagande de la Société d'Agriculture de Saint-Pol, celle des marques d'engrais, l'exemple même des gros agriculteurs effectuent un lent travail de pénétration chez le paysan et le rendement, grâce à quelques sacrifices (200 francs au maximum par hectare) consentis à grand peine, s'élève.

Quoiqu'il en soit, la culture de la betterave fourragère est florissante, ce qui est clairement démontré par l'augmentation du nombre des hectares qui lui sont consacrés. Cette progression constante marque une grande confiance du paysan dans cette plante : il èst assuré de rentrer dans ses débours car il cède ce dont il ne peut se servir à la distillerie de Ramecourt. Mais ce caractère même de secours que prend la conclusion d'un accord avec l'industriel, fait que celui-ci doit essayer de trouver soit de nouveaux marchés, soit de nouveaux procédés de fabrication. Ce qui n'était qu'une méthode devint après la guerre une nécessité, une loi récente, élaborée sous l'inspiration des viticulteurs du Midi, proscrivant l'alcool de betteraves comme boisson et ne permettant plus son emploi que comme carburant. Malheureusement cette dernière question n'est pas encore au point et en attendant qu'elle soit pratiquement résolue, M. Dupire, directeur de la distillerie de Ramecourt, comprenant l'importance d'une innovation, s'est tourné vers la distillerie des pommes. C'est pour le cultivateur une source de profits qui disparaît.

La betterave fourragère devra désormais être uniquement réservée à l'alimentation des animaux : peut-être cette nécessité nouvelle marquera-t-elle en certains endroits une régression dans la culture de la betterave fourragère.

LE LIN.

Grâce au développement des voies de communication, chacun peut se procurer dans des conditions avantageuses ce qu'il ne peut produire lui-même et se trouve par là même amené à abandonner toute culture qui, avec des difficultés certaines, n'offre que des compensations hypothétiques. Les chemins de fer ont amené la spécialisation sous toutes ses formes. A cette grande loi économique l'agriculteur de la région de Saint-Pol n'a pas échappé, et il a été amené, nous l'avons vu, à remplacer d'une façon différente les cultures déclinantes des textiles et des oléagineux selon la nature du terrain et ses possibilités de production.

Ce qui frappe immédiatement l'attention, c'est le caractère instable revêtu par la culture du lin dans la période contemporaine.

Elle est pourtant assez ancienne : venue des plaines flamandes vers la fin du dix-huitième siècle, ses succès furent rapides car des prix de vente avantageux compensaient les soins multiples que réclame sa culture. Pour ces travaux, les journaliers n'étaient d'ailleurs pas rares et leurs services n'étaient pas trop coûteux. Aussi s'établit-elle partout où un sol meuble, profond et frais pouvait garantir au cultivateur une bonne récolte. Longtemps elle fit la fortune de la contrée. On la rencontre vers 1850 à Vacqueriette (¹) et sur les plateaux qui dominent la rive sud de la Canche. Dans la vallée elle est cultivée de 1857 à 1866 sur 25 ha. de moyenne à Fillièvres (²).

A Valhuon, on peut contempler en certaines maisons d'anciens rouets et les vieillards se souviennent du temps où chaque ménagère filait le lin récolté dans la commune. Autour de Saint-Pol, à Roëllecourt, à Foufflin-Ricametz, à Ternas, le lin était la principale ressource des cultivateurs vers 1870.

Mais déjà, à cette époque, la concurrence étrangère menaçait. L'industrie demandait pour les machines une matière première plus résistante que ne la pouvait rendre en ces régions privées d'eau le rouissage à la rosée. En outre, on constatait d'une manière générale que, par suite sans doute d'une rotation trop rapprochée entraînant un épuisement insoupçonné de la terre en potasse, et du renouvellement trop peu fréquent des graines, les récoltes diminuaient de valeur. Il y avait là de sérieuses causes de déchéance. A ces embarras s'ajoutaient ceux qui prennent leur source dans les exigences même de la plante (³).

Bref, le déclin commença. En 1880, au Souich (⁴) on observe un rendement de 600 kilos bruts à l'hectare et seulement de 450 vers 1910. Aussi l'étendue décroît-elle en proportion : en 1912, il ne reste rien des 18 hectares cultivés vers 1890.

Au début du siècle les ouvriers agricoles commencèrent à devenir plus rares. Le cultivateur devant une forte dépense immédiate en main-d'œuvre que ne pouvait compenser l'espoir d'un gain qui d'année en année devenait moins considérable — le marché français se trouvant envahi par les filasses russes — restreignit la part du lin dans son exploitation. Les méventes fréquentes l'incitèrent à le chasser complètement. On vit Herlin-le-Sec (⁵) l'abandonner vers 1895. A Tincques (⁶). en 1912, il ne restait rien des

---

(¹ et ²) Questionnaires de Mlle HANNEDOUCHE (¹), et de M. BAUDREY (²).

(³) On sait que celle-ci nécessite une main-d'œuvre abondante et experte : les sarclages sont très difficiles et doivent être fréquemment répétés et la récolte suppose une grande pratique car il faut réussir à ne pas entremêler les tiges et à retirer toutes les mauvaises herbes.

(⁴ à ⁶) Questionnaires de MM. CATTELIN (⁴), LEMAIGRE (⁵), MOREL (⁶).

15 hectares de 1880, déjà réduits à 5 en 1900. Ailleurs, petits et moyens exploitants se désintéressèrent d'une culture pleine d'aléas que pouvait très avantageusement remplacer la betterave sucrière qui répondait mieux à leur désir de rendement assuré et de moindre travail. Au moment de la Guerre, le lin se trouvait donc repoussé de l'Ouest vers l'Est où il occupait dans d'importantes exploitations quelques champs qui ne rappelaient en rien son ancienne splendeur (*Carte 3*).

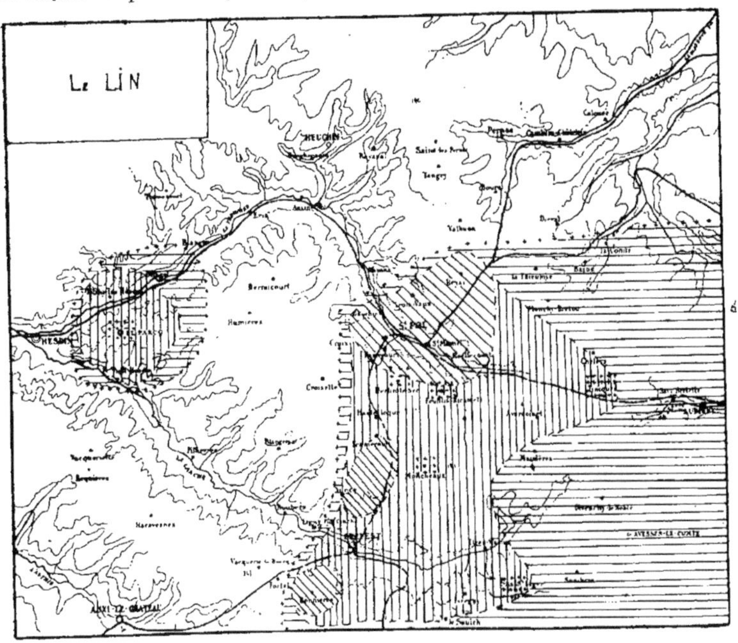

Fig. 3. — **Carte (1) de la culture du lin** (Échelle du 1 : 400.000).

A) Toute la région cultivait le lin en 1860.

B) La *ligne des croix* et les *hachures horizontales* comprennent les localités qui cultivaient encore le lin dans la période 1880-1890.

C) *Les hachures en diagonale* signalent les localités qui cultivaient encore le lin en 1916.

D) *Les hachures verticales* indiquent les localités qui se sont remises à la culture du lin de 1916 à 1920.

E) *Les croix* indiquent qu'en 1922 la localité désignée ne cultive plus le lin.

Mais la Guerre arrive : elle va changer la face des choses. Le commerce international se ralentit. Il faut avant tout compter sur la production nationale qui se réduit à peu de chose. En présence d'une telle situation, le Parlement s'émeut. En 1916 sont pris des décrets qui allouent aux agriculteurs une certaine prime par hectare de lin cultivé. Mais bien

---

(1) Voir la note (1) page 162.

davantage que ces mesures d'encouragement artificielles et en tout cas insuffisantes, la ruine politique de la Russie en 1917 ayant comme corollaire un effondrement économique libérant la production française d'un concurrent redoutable, amena chez nous une recrudescence de la culture du lin. L'offre ne pouvait faire face à la demande : la hausse des prix se déclarait résolument Alors aucune difficulté ne rebuta le paysan, attentif à grossir rapidement son bas de laine en profitant des occasions exceptionnelles. Les gros agriculteurs se procurèrent coûte que coûte la main d'œuvre nécessaire et rendirent d'assez nombreux hectares au lin dans l'espoir d'une récolte avantageuse. Effectivement de 1916 à 1920, les cours ne cessèrent de monter, mais un moment vint où l'industrie se lassa de payer très cher une matière première qui, manufacturée, atteignait des prix inabordables. Cette gêne se fit sentir dans les prix du lin : le coefficient d'achat tomba de 25 à 8. Les cultivateurs geignirent, mais en vain. En certains endroits ce fut la mévente avec son cortège de déboires : tel cultivateur qui prétendit attendre n'a pas encore réussi à écouler sa récolte de 1921. Cette crise que le cultivateur ne comprend pas, fut fatale au lin. D'ores et déjà (été 1922) on en voit les effets : Sus-Saint-Léger, Ivergny, Moncheaux, Foufflin-Ricametz ont décidément abandonné une plante qui souffre par trop de l'instabilité des marchés. L'agriculteur prétend parfois qu'il n'en cultivera plus jamais, cette dernière expérience lui ayant servi de leçon. Il a perdu confiance en une plante qui, comme le dit le proverbe,« fait, avant de mûrir sept fois peur à son maître ». Combien lui apparaît plus intéressante une culture moins exigeante, comme celle de la betterave sucrière, qui offre en outre le triple avantage de ne pas épuiser la terre, d'avoir un débouché assuré et d'entrer, sans peine aucune, dans l'assolement.

On ne peut évidemment préjuger de l'avenir. Nous sommes pour l'heure dans une de ces époques de réaction qui suivent régulièrement les périodes d'engouement excessif. Quels que soient ses propos du moment, le cultivateur, à notre avis, se laissera toujours tenter par le prix du lin, normalement plus rémunérateur que celui de la betterave. De plus, le lin n'a plus besoin aujourd'hui d'être travaillé avant la vente : il est acheté aussitôt que récolté par les usines de Rollepot ou de la vallée de la Somme, ou par les marchands du Nord et de la Belgique. Mais il faut attendre pour qu'une nouvelle extension de cette plante soit pratiquement possible dans la région de Saint-Pol que le souvenir de la crise se soit quelque peu effacé et que le marché paraisse offrir plus de sécurité.

ŒILLETTE ET COLZA.

Toutes ces causes de décadence que nous venons d'analyser à propos du lin ont exercé une influence décisive sur le sort de la culture des oléagineux. Celle-ci connut une grande prospérité jusqu'au milieu du dix-neuvième siècle, époque à laquelle le marché français se trouva envahi par des produits exotiques, sésame d'Egypte, huile d'arachide, etc. d'un prix de revient trop peu élevé pour que la concurrence indigène restât possible. Toutefois, sa disparition fut progressive et non pas brusque. Le profit qu'elle donnait vers 1865 pour n'être pas aussi considérable que trente ans auparavant, restait appréciable. Mais les difficultés de placement se faisaient grandes : le producteur devait charger sa récolte sur le char et voyager une nuit entière pour être des premiers sur les marchés aux grains de Saint-Pol ou d'Arras. Il faut ajouter la difficulté de la culture qui demande des sarclages répétés et par conséquent une main-d'œuvre nombreuse.

Il fallait faire la part du mal : le colza, plus délicat que l'œillette et très sensible au froid, fut rapidement délaissé par le cultivateur qui n'avait aucun intérêt à augmenter bénévolement ses risques de pertes. Vers 1880 déjà, on ne le rencontre plus guère dans ce pays qui pouvait apparaître comme la région à colza par excellence et le début du vingtième siècle va partout marquer un mouvement de recul fort sérieux de sa culture.

Hermaville [1] n'en a plus qu'un seul hectare. Vingt ans auparavant elle en montrait quatre. Valhuon [2], Savy-Berlette [3] malgré son rendement (20 hl.), Herlin-le-Sec [4] voient décroître rapidement son domaine. A l'heure actuelle on ne rencontre guère de champ qui lui soit consacré. On peut le considérer comme complètement disparu.

Plus rustique, l'œillette soutenait encore la lutte au début du siècle contre les produits exotiques et les usines d'Arras s'approvisionnaient toujours dans la région, mais la betterave, nouvellement entrée dans l'assolement conquérait les sympathies des cultivateurs et faisait diminuer à son profit les étendues jusque-là consacrées aux oléagineux. Dès lors, on enregistre une régression accentuée de l'importance de l'œillette. Pour l'œil le moins exercé, sa chute vers 1905 s'affirmait comme prochaine et irrémédiable : à Sus-Saint-Léger [5] sur les 80 hectares qu'elle possédait en 1880, 30 déjà avaient été arrachés en 1890 et 70 en 1910. A la veille de la Guerre, elle était complètement évincée de la culture.

Son sort est le même à Foufflin-Ricametz et à Herlin-le-Sec. Ce n'est plus une culture industrielle et qui puisse compter sérieusement dans le budget d'un agriculteur.

Ce sont là — textiles et oléagineux — cultures archaïques, qui, par leurs exigences, ne répondent plus aux nécessités économiques d'une époque où la machine prend de jour en jour un rôle plus important, à cause du manque de cette main-d'œuvre que demandent précisément le lin, l'œillette et le colza : on peut dire qu'elles ont été tuées par le Progrès.

(1 à 4) Questionnaires de MM. HACCARD [1], LOIR [2], THÉRY [3], LEMAIGRE [4].

(5) Questionnaire de M. DREUILLE.

LE TABAC.

Le tabac aime les terres meubles, profondes, bien aérées, exposées au soleil et à l'abri du vent froid du Nord. Dans ces conditions sa culture est difficilement possible sur les plateaux balayés par les vents. Elle reste localisée dans les vallées bien abritées de la Ternoise et de la Canche.

Toujours en honneur dans la région, cette plante a cependant éprouvé de nombreuses vicissitudes depuis la première moitié du dix-neuvième siècle [1]. En 1843, le tabac est cultivé sur 143 hectares de superficie, par 576 planteurs appartenant à 48 communes de l'arrondissement de Saint-Pol. Sept ans après, en 1850, ces chiffres se trouvaient fortement majorés : 214 hectares, 851 planteurs et 59 communes. Ce mouvement s'accentua encore dans les années suivantes si bien que l'année 1863, comptait pour 67 communes, 970 planteurs et 237 hectares. Pendant très longtemps, l'importance de cette culture se maintint car si le tabac est fort exigeant, on peut néanmoins — et c'est là qu'il faut chercher la raison profonde de la vogue d'une telle culture chez les ouvriers agricoles — ne s'en occuper que la « journée » finie.

Mais dans ce domaine comme dans les autres, l'influence de l'industrie se fit sentir en enlevant des hommes, des planteurs. Le nombre de ceux-ci diminua considérablement : en 1898, il n'y a plus que 380 planteurs qui se partagent 104 hectares. Partout dans ces vingt dernières années les statistiques enregistrent une régression constante de cette culture. Un des principaux centres de production, Blangy-sur-Ternoise [2], avait soixante planteurs en 1853. Il ne lui en reste guère que 28 actuellement. La superficie qu'ils lui consacrent tombe dans les quarante dernières années de 28 hectares à 19. Valhuon [3] qui en possédait 4 hectares en 1885, n'en a plus. Fillièvres [4] ne conserve que 12 planteurs pour 3 hectares.

Il est toutefois probable que l'importance de la culture du tabac ne diminuera plus beaucoup. Ceux qui le cultivent sont en effet de petits ménagers, heureux de trouver un surcroît de ressources qui assure le paiement de leur loyer. Du reste, il n'y a qu'eux qui puissent s'adonner à cette occupation. Il faut, en effet, soigner le tabac comme une plante de serre : on lui prépare de véritables « couches » où se trouvent en abondance fumier et tourteaux de colza. Sur un espace très restreint, sa culture est intense.

Aussi le produit en est-il considérable. Un hectare de bonne terre peut nourrir 42 à 45.000 plants qui donnaient, vers 1860, une récolte de 2.500 kilos environ qu'une meilleure compréhension de l'emploi des engrais fit monter

---

[1] *État des résultats de la culture du tabac pour la décade 1843-1853,* annexé à un vœu présenté par le Conseil d'Arrondissement de Saint-Pol à l'Administration des Contributions Indirectes.

[2 à 4] Questionnaires de MM. Bourdon [2]. Loir [3], Baudrey [4].

avant 1900 au chiffre de 3.800 kilos qui se maintient. Les prix de vente suivaient la même courbe ascendante. Un hectare rapportait 2.450 francs en 1860 ; 3.500 francs immédiatement avant la guerre.

Ces chiffres paraissent élevés, mais il convient d'en défalquer les frais généraux résultant de la location et de l'amendement de la terre. Les planteurs n'ont d'ailleurs jamais cessé de récriminer. Ils prétendent que si l'Etat les protège contre la concurrence étrangère, il abuse trop souvent de son monopole pour leur imposer des prix nettement insuffisants au regard des efforts constants qu'ils doivent déployer et des exigences d'une plante essentiellement familiale, dont la culture est restreinte à quelques mètres carrés. Volontiers, ils se remémorent les innombrables soins, que pendant de longs mois, il leur faut prendre alentour de cette plante qui, par sa délicatesse, leur procure des soucis perpétuels. Il faut lui éviter la sécheresse avant qu'elle ait commencé à prendre de la vigueur, l'émonder en temps opportun pour reporter sur la tige centrale et inférieure la sève qui nourrit des feuilles imparfaites à l'extrémité de la plante, protéger sans cesse le pied en le rehaussant. Il faut pour elle « forcer » la nature, essayer d'obtenir une maturité parfaite en peu de temps, car les tabacs sont catalogués en séries et le bénéfice sera plus élevé pour le planteur si la qualité de son tabac est supérieure. Les feuilles, cueillies à la main, sont accrochées, pour sécher, à de longues perches sous les gouttières des maisons. Les greniers en sont garnis et les appartements embaumés. L'hiver, amène de nouveaux travaux : triage, mise en paquets par qualité. Il n'est, pour le planteur, aucune tranquillité : aux tracas occasionnés par la culture viennent s'ajouter ceux que procurent les exigences du fisc. Ce sont des visites continuelles, des ennuis sans cesse renaissants. Le planteur en est excédé ; il a conscience qu'il n'est pas libre et pense qu'il ne gagne pas assez pour compenser les vexations nombreuses dont il est l'objet.

Comprenant que des réclamations isolées n'auraient aucune efficacité, les planteurs se sont groupés en un Syndicat de défense, qui, longtemps méconnu ou méprisé par l'Administration, a fini par lui imposer des délégués officiels, chargés de les défendre contre l'arbitraire de l'Etat, et d'obtenir des améliorations dans la répartition des diverses catégories de tabac. En luttant avec l'Administration pied-à-pied, ils ont obtenu un relèvement considérable des prix : la vente du produit d'un hectare procure actuellement 14.000 francs.

Il est intéressant de noter cette curieuse évolution du paysan, qui, essentiellement individualiste, sait, en devenant une sorte de fonctionnaire, trouver les formes de combat les plus efficaces pour la défense de ses intérêts contre l'Etat.

Le tabac n'est pas menacé de disparition comme les textiles et les oléagineux. Il n'a pas vécu comme eux sous le régime de la libre concurrence. Le planteur n'a qu'un client : l'Etat. Le souci du débouché n'existe pas. Culture ancienne et en dehors même de l'influence des diverses conditions économiques et de leurs variations, on peut la considérer, à l'heure actuelle, comme une sorte de « survivance ».

II.

L'ELEVAGE.

Bien davantage encore que l'étude des Cultures, celle de l'Élevage va nous montrer la remarquable évolution effectuée par l'économie rurale.

Longtemps, les céréales ont régné en maîtresses souveraines. Le paysan n'était éleveur que dans la mesure où il était obligé de l'être pour les besoins de la culture : encore était-ce souvent un redoutable problème que d'assurer la subsistance du bétail pendant l'hiver.

Au dix-huitième siècle, la situation se modifia : l'apparition des cultures fourragères ou prairies artificielles — luzerne, trèfle, sainfoin — facilita un entretien plus régulier du bétail. Toutefois l'impulsion décisive ne devait venir qu'avec le déclin des cultures de textiles et d'oléagineux. On sait que les campagnes limoneuses de l'Est retrouvèrent vite une riche culture, celle de la betterave à sucre, à laquelle elle ne tardèrent pas à donner une place prépondérante. Dans l'Ouest, il en fut autrement. Partout où le sol, après les essais que nous avons relatés, se révéla inapte à retenir cette dernière plante de grand produit mais d'exigences assez spéciales, il fallut se tourner vers une production différente. Le paysan de ces régions, depuis longtemps en contact sur les marchés avec celui de la « Fosse boulonnaise », avait appris à apprécier à leur valeur les revenus de l'élevage : c'est vers celui-ci qu'il décida de s'orienter. On vit alors les prairies artificielles se multiplier dans les champs en même temps qu'autour des villages s'élargissait le cercle des pâtures.

Ce fut le point de départ d'une évolution qui, inaugurée vers 1880, n'a cessé de se poursuivre jusqu'en 1914 et que la crise de main-d'œuvre provoquée par la guerre a encore accentuée. A la vérité, le mouvement de transformation des labours en prairies artificielles et en pâtures se manifeste aujourd'hui dans toute l'étendue de la région de Saint-Pol ; mais il est dans l'ouest, où fait défaut la sucrière, beaucoup plus exclusif.

Il convient d'insister sur cette évolution : quelques chiffres permettront d'en mesurer la portée. Ceux de Diéval, de Tincques, de Fillièvres mettent en évidence l'extension des prairies artificielles. A Diéval ([1]), la superficie de celles-ci est passée de 100 hectares en 1880 à 150 en 1912. Foufflin-Ricametz ([2]) a enregistré une augmentation d'environ 1/8 depuis 1914. Enfin, Fillièvres ([3]), a exécuté un saut prodigieux : une soixantaine d'hectares en moins de 10 ans (1912-1921). Mais plus considérable encore a été

([1] à [3]) Questionnaires de M. Forilly ([1]), Mme Balavoine ([2]). M. Baudrey ([3]).

l'accroissement de la superficie des pâtures. En bien des cas — surtout depuis la Guerre —, la conversion des champs en pâtures. a paru encore préférable à leur conversion en prairies artificielles Le fait s'explique assez aisément : dans les prairies artificielles, il faut aller déplacer plusieurs fois par jour les bêtes qui paissent « au piquet », ce qui n'est pas sans entraîner une certaine dépense de main-d'œuvre que l'on évite avec les pâtures où elles-sont laissées en liberté (1). A Tincques (2), depuis 1880, l'étendue des pâtures s'est élevée de 70 à 120 hectares, tandis que celle des prairies artificielles passait péniblement de 80 à 90. A Humières (3), la seule augmentation qui soit réellement sensible est celle des pâtures. Quelquefois même, les pâtures ont gagné du terrain aux dépens des prairies artificielles : c'est ce qui s'est produit à Savy-Berlette (4) où, depuis 1900, on a vu les pâtures gagner 20 hectares (75 contre 55) tandis que les prairies artificielles en perdaient 26 (101 contre 127). La fonction agricole des prairies artificielles, aujourd'hui, est surtout, de pourvoir à l'approvisionnement permanent de la ferme en fourrages. Prairies artificielles pour les besoins de l'hiver, pâtures pour ceux de l'été (5), telle est la formule qui, répondant le mieux à la pénurie et à la cherté toujours plus grandes de la main-d'œuvre, concrétise les tendances actuelles de l'agriculture saint-poloise.

LES BÊTES A CORNES.

L'élevage des bêtes à cornes se fait dans chaque village car il n'est pas de cultivateur qui ne se double aujourd'hui d'un éleveur. Associé à l'élevage du porc, il prend même le pas sur la culture dans les cantons au sol caillouteux, tourmenté, réfractaire à la betterave à sucre, des cantons d'Heuchin et du Parcq. Mais si une cause d'ordre physique peut, dans une certaine mesure, expliquer l'orientation prise par l'activité rurale en ces parages, il est une autre cause, d'ordre humain, dont les effets s'exercent dans l'ensemble de

---

(1) Cependant il y a lieu de remarquer que l'établissement des pâtures est soumis à deux conditions : la proximité du village et le voisinage d'un chemin qui puisse amener les eaux de ruissellement dans la mare.

(2 à 4) Questionnaires de M. Morel (2), Mme Lesot (3), M. Théry (4).

(5) C'est un fait digne de remarque que l'on rencontre des pommiers seulement dans les régions de pâtures anciennes. On ne remplace guère les arbres morts et on ne fait pas de plants nouveaux. Les nouvelles pâtures ne sont que de simples champs : le paysan sème de l'herbe un peu comme il sème du blé et il lui est toujours loisible de rendre ces champs à la culture. D'autre part, les brasseries se multiplient et le cidre perd du terrain. — (D'après les renseignements fournis par MM. Maillet et de la Chessonnière, de Tangry et Martin, du Parcq).

la région de Saint-Pol : c'est à savoir la proximité du Pays minier qui, drainant à la fois la main-d'œuvre et les produits de la ferme, détermine la raréfaction de la première et la cherté des seconds.

Progrès de l'élevage des bêtes à cornes. — On comprend dès lors que sous cette double manifestation d'une même influence, l'élevage des bêtes à cornes ait accompli en nos contrées d'extraordinaires progrès.

Au Nord de Saint-Pol, à la lisière du Pays noir, depuis une quarantaine d'années, tous les villages ont renforcé dans de fortes proportions leurs effectifs bovins. A Valhuon [1], par exemple, le nombre des vaches et des veaux a quadruplé depuis 1880 :

	1880	1900	1912	1922
Vaches	70	154	150	250
Veaux	45	103	105	220

A Diéval [2], depuis 1912, le nombre des vaches est passé de 400 à 450 et celui des veaux de 300 à 350.

Partout s'effectue un mouvement ascensionnel semblable.

Sans doute, il est peu sensible à l'Ouest : autour du Parcq la quantité des bêtes à cornes paraît être à peu près stationnaire depuis 1880. Mais il faut tenir compte de ce fait que pendant la même période, le chiffre de la population fléchissait fortement : c'est ainsi qu'Humières [3], tout en gardant ses 300 têtes de bétail, perdait 1/5 de ses habitants (335 en 1921 contre 420 en 1880). Vers le Centre, lorsqu'on se rapproche de Saint-Pol et d'Aubigny, la tendance à l'augmentation s'accuse. Déjà, à Boubers-sur-Canche [4], l'effectif du troupeau, entre 1880 et 1922 est passé du simple au double. De même à Herlin-le-Sec [5].

	1880		1922 [6]	
	VACHES	VEAUX	VACHES	VEAUX
Boubers	96	28	170	42
Herlin-le-Sec	50	55	110	115

Plus à l'Est, à Savy-Berlette, à Hermaville, à Tincques, à Sus-Saint-Léger, au Souich, la population des étables demeure nombreuse. En revanche

---

[1 à 5] Questionnaires de MM. Loir [1], Foruly [2], Mme Lesot [3], MM. Carbonnier [4], Lemaigre [5].

[6] Ces progrès s'expliquent en partie par l'accroissement du nombre des petits cultivateurs résultant de l'enrichissement des ménagers et ouvriers agricoles. Chaque nouvelle exploitation doit faire l'acquisition de quelques vaches. Encore, autrefois, la situation du nouvel exploitant était-elle fort précaire : il était à la merci d'une mauvaise récolte ou d'une maladie de son bétail. Il arrivait souvent que, malgré son activité et son économie, pour faire face à la redoutable échéance du loyer de sa maison et de ses terres, il se trouvât dans l'obligation de vendre une de ses vaches afin de parfaire la somme nécessaire. Mais, depuis la Guerre, la situation du petit cultivateur s'est beaucoup améliorée.

le caractère de l'élevage se transforme. Il n'a plus les mêmes fins qu'à l'Ouest ; à l'élevage proprement dit succède l'engraissement. On voit moins de bétail en liberté dans les pâtures devenues plus rares, mais les villages retentissent davantage des mugissements des animaux enfermés. C'est déjà le régime de la stabulation, qu'annonce de loin au voyageur la fade odeur de pulpes répandue dans l'air. Presque tout l'espace cultivable se trouve partagé entre les céréales et les cultures industrielles : ce sont surtout les déchets fournis à ses coopérateurs par la sucrerie de Savy-Berlette qui permettent ici de conserver ou même de renforcer le cheptel bovin.

La vache Saint-Poloise. Le lait et ses produits. — Le lait et ses produits étant assurés d'une vente facile dans les environs, à Bruay, Auchel, etc., il était logique que l'éleveur recherchât une race de vaches laitières susceptible de s'acclimater dans la région sans rien perdre de ses qualités naturelles. On a décidément renoncé à l'introduction de la normande, à cause de sa dégénérescence rapide ; l'éloignement des marchés rendait trop difficile l'achat de taureaux normands de pure race. La flamande, au rouge pelage, a gravi sans trop de peine les flancs de nos collines. Toutefois, dans son effort d'adaptation à son nouveau milieu elle perd quelques-uns de ses caractères propres : elle forme une variété de la vache flamande que l'on étiquette sous le nom de « Saint-Poloise » et qui est fort appréciée des connaisseurs pour ses qualités laitières. Le rêve de l'Agriculteur de ces contrées serait d'élever cette simple variété à la dignité de « race pure » et d'être ainsi en possession d'une vache, qui, tout en conservant les qualités de rusticité et de grande production laitière de la flamande, se serait adaptée à ses nouvelles conditions d'existence d'une façon si parfaite qu'elle pourrait se passer de l'intervention des taureaux de sa race primitive. Mais l'époque d'un si beau succès est à tout le moins fort lointaine et en attendant, la Société d'Agriculture de Saint-Pol effectue chaque année, un achat important de taureaux flamands à Aire-sur-la-Lys, à Lillers, à Hazebrouck. C'est dans cette dernière localité que de superbes reproducteurs ont été récemment (en mars 1922) acquis pour être mis en vente dans les divers cantons de l'arrondissement.

Le lait, dans ses divers produits, est une source très appréciable de revenus. Une exploitation d'une centaine d'hectares peut compter de ce chef, sur un bénéfice annuel de 5 à 6.000 francs. C'est assez dire que c'est un élément de richesse très important. A la vérité, le lait n'est guère vendu dans la région. En certains endroits, à Troisvaux, à Gauchin, à Ramecourt, à Cantereine, à Herlin-le-Sec, en un mot, dans tous les villages qui entourent Saint-Pol et Frévent, on réserve chaque matin une certaine quantité de lait que viennent prendre les laitiers des deux villes. De même, en bordure du bassin houiller, à Diéval, à Bajus, à la Thieuloye, à Pernes, à Sains-les-Pernes, etc., une partie de la production journalière est distraite au profit des laiteries de Bruay et des autres centres miniers. Mais, en maintes localités, il est difficile de se procurer du lait : le fermier préfère le plus souvent le convertir en beurre.

C'est en effet sous la forme de beurre que le lait atteint sa plus grosse valeur. La Guerre a donné à ce produit une plus-value énorme : en 1913, il était possible d'avoir pour 3 francs un kilo de beurre ; en 1919-1920, il a fallu, pour la même quantité débourser 16 et même 17 francs. Actuellement encore, il faut 14 francs environ. S'il reste cher, il faut dire à la louange du beurre saint-polois et à celle de ses fabricants qu'il offre des qualités réelles de fermeté et de finesse.

A jours fixes, on voit, au trot lourd de leurs chevaux, accourir vers les divers marchés : Frévent, Pernes, Saint-Pol, Hesdin, Avesnes-le-Comte, etc. les carrioles pleines des produits de la semaine, parmi lesquels le beurre tient une place de premier plan. Les marchands descendus du train de Béthune ont vite fait de le « ramasser ». Ce sont eux qui font les cours et qui, d'ailleurs, les maintiennent assez haut par la concurrence qu'ils sont amenés à se faire mutuellement surtout dans les périodes de faible production. Même en temps ordinaire, chaque détenteur peut tabler sur un noyau de clients fidèles qui, généralement, suffisent à l'écoulement de sa marchandise.

C'est par milliers et même par dizaines de milliers de kilos qu'il convient d'évaluer la quantité des beurres expédiés chaque mois vers le Nord. La production annuelle de certains villages peut atteindre des chiffres considérables : on évalue à 3.000 kilos celle de Sus-Saint-Léger (1), à 4.000 celle de Boubers-sur-Canche (2), à 5.000 celle du Souich (3), à 9.000 celle de Foufflin-Ricametz (4). Le rendement des gros villages du Nord de Saint-Pol, Tangry, Valhuon, Diéval, oscille entre 20 et 30.000 kilos. Enfin, à la lisière même des mines, les 172 habitants de Bajus (5) envoient chaque année directement à Bruay 2.500 kilos de beurre environ.

Pour répondre aux besoins croissants de la clientèle, en même temps que le troupeau s'est grossi, les méthodes de fabrication se sont perfectionnées. A l'ancienne baratte à pilon s'est substituée la moderne baratte mécanique. Quant au vieux procédé qui consistait à écrémer sommairement le lait de la veille en posant le doigt sur le bec de la « telle », il n'est plus de mise à l'heure actuelle. L'écrémeuse-centrifuge est depuis longtemps en usage C'est vers 1890 que ses premiers modèles ont fait leur apparition dans les villages à grande production du Nord, comme Valhuon, Diéval, Bajus A la même époque, dans l'Est, Savy-Berlette (6) en comptait 2 et Hermaville (7) 5. Les mérites de la nouvelle machine étaient trop évidents pour qu'il y eût contre elle de longues préventions. Aussi, vers 1900, peut-on en

---

(1 à 4) Questionnaires de MM. Dreuille (1), Carbonnier (2). Cattelin (3) Mme Balavoine (4), MM. Specq (5), Théry (6), Haccard (7).

contempler déjà un certain nombre de spécimens à Tincques [1], Roëlle-court [2], Maizières [3], Sus-Saint-Léger [4], Le Souich [5], Boubers [6], Fillièvres [7], Auchy-les-Hesdin [8], Blangy [9]. Anvin [10]. Un peu plus tard, Moncheaux [11], Foufflin-Ricametz [12], Nuncq [13], Herlin-le-Sec [14], l'adoptent à leur tour et enfin, quelques années avant la Guerre, on la voit s'implanter au Parcq qui depuis a sextuplé son contingent. Il n'est aujourd'hui si modeste ménager. qui ne veuille posséder la sienne ; c'est qu'avec elle il n'y a plus de temps perdu : le lait est écrémé aussitôt que trait et le petit-lait prêt sans retard pour la nourriture des veaux et des porcs.

L'industrie fromagère n'est guère représentée qu'à Belval, près Saint-Pol, où un couvent de religieuses s'occupe tout spécialement de la fabrication d'une espèce de « Port-Salut » qui a acquis dans le pays une certaine réputation. Mais l'économie paysanne n'en est pas troublée, car la maison possède un troupeau de vaches et le complément de lait nécessaire est fourni sans difficulté par les producteurs de Belval et de Troisvaux. Les fromageries de Béthune ne trouvant pas de matière première suffisante dans l'arrondissement, drainent le plus possible celui de Saint-Pol. Les villages qui disposent d'une ligne de chemin de fer se laissent séduire par un prix avantageux qui ne répond à aucun travail autre que celui de la traite. Blangy, Auchy, Anvin, Erin, Bours et Pernes comprennent tout l'intérêt de ce négoce et participent au ravitaillement de ces fromageries [15].

Le veau. — Les gros éleveurs trouvent une meilleure utilisation de léur lait dans l'alimentation des veaux d'engraissement. C'est une pratique qui tend à se propager depuis une vingtaine d'années surtout et qui a fait depuis le retour de la paix de singuliers progrès. Environ 1880 on ne rencontrait à Sus-Saint-Léger [16] que 8 élèves de moins d'un an. On en trouve actuellement soixante de moins d'un an auxquels s'ajoutent 128 veaux plus âgés. Boubers [17] a doublé le chiffre de ses génisses. Le Parcq [18] a constaté une augmentation d'un cinquième sur le chiffre de ses veaux de 1913, ce qui porte celui de l'heure actuelle à 118. Fillièvres [19] à 200 élèves de moins d'une année, 100 de plus.

(1 à 14) Questionnaires de MM. Morel [1], Carpentier [2]. Legrand [3], Dreuille [4], Cattelin [5], Carbonnier [6], Baudrey [7], Vast [8], Bourdon [9], Andrieux [10], Prévost [11], Mme Balavoine [12], MM. Mouray [13], Lemaigre [14].

(15) M. Amédée de Wazières, de Foufflin-Ricametz, a eu, il y a deux ans, l'idée de profiter de l'excédent de sa production de lait très importante pour fabriquer un fromage imitant le camembert et destiné à remplacer celui-ci dans la contrée. Les détaillants et la population de Saint-Pol accueillirent très favorablement ce nouveau produit qui était bien meilleur marché que la véritable marque. Mais la main-d'œuvre était rare, coûteuse et de plus inexpérimentée. C'était une nouvelle éducation de l'ouvrier agricole à faire et une perte de bras pour la ferme. M. de Wazières jugea préférable d'abandonner cette fabrication.

(16 à 19) Questionnaires de MM. Dreuille [16], Carbonnier [17], Mme Poulain [18], M. Baudrey [19].

Seuls, les veaux mâles sont destinés à la boucherie. Il y a des degrés dans l'engraissement. Quelques-uns des nouveaux nés, nourris de lait pauvre, sont vendus aussitôt que sevrés, vers l'âge de six semaines. On retire, tous frais déduits, un bénéfice de 200 à 250 francs sur les 400 à 500 francs de la vente. Presque toujours, dans ce cas, le marché local suffit au cultivateur. Les autres veaux sont élevés dans les mêmes conditions, à cette différence près qu'ils sont sevrés de lait pauvre vers trois semaines ou un mois et se contentent dès lors, du petit lait. A quatre ou cinq mois, ils vaudront 6, 7 ou 800 francs sinon plus, selon leur poids et la qualité apparente de leur chair.

Dans les deux cas, c'est un élevage difficile : le veau, très délicat, meurt facilement. Il le faut entourer de précautions. Les soins qu'il nécessite ne peuvent être donnés que par un garçon de cour consciencieux et expérimenté. Trop rarement l'éleveur peut compter sur son personnel. Il ne cesse de gémir à ce sujet. Les agriculteurs du canton d'Heuchin ne souffrent pas aussi fortement de cette crise de main-d'œuvre sérieuse. La conversion des labours en pâtures leur laisse généralement un personnel suffisant pour le travail intérieur de l'exploitation. Le débouché est fourni par les mines, dont la population suit un régime essentiellement carné.

Les génisses sont toujours élevées, soit pour la reproduction (ce qui offre le grand avantage de donner à l'éleveur une certitude quant à la race de sa nouvelle vache), soit pour la vente.

Le bœuf. — L'élevage du bœuf n'offre pas un grand intérêt parce que presque entièrement local. Rares sont ceux que l'on envoie dans les mines. On n'en trouve que dans les grandes fermes ; 8 à Valhuon [1], 16 à Herlin-le-Sec [2], 10 à Savy-Berlette [3], une centaine à Foufflin-Ricametz, autant à Roëllecourt. Ils sont généralement de race normande mais, à Foufflin, on préfère les Manceaux, plus dociles à l'engraissement. L'hiver, on les nourrit le moins possible. A la belle saison, on les lâche dans les vastes prairies et lorsqu'ils sont gras, on les vend — selon les besoins du marché — à la boucherie coopérative de Saint-Pol en grande partie. Le reste est acquis par les bouchers de Frévent, Aubigny, Avesnes-le-Comte, etc..

L'élevage des bovidés dans l'ensemble est fortement rémunérateur. A la fin de la Guerre, le bétail atteignit une valeur énorme qu'il garda jusqu'en 1920. Certaines vaches furent vendues jusqu'à 4.650 francs [4] et la seule venue d'une génisse constituait pour le cultivateur une véritable aubaine. Il offre certainement des inconvénients provenant de l'instabilité des cours :

(1 à 3) Questionnaires de MM. Loir [1], Lemaigre [2], Théry [3].

(4) Avant la Guerre, la vache moyenne valait 40 « pistoles », soit 400 francs. Les meilleures allaient jusqu'à 500 ou 550 francs

on a vu les éleveurs perdre l'année dernière (1921), un millier de francs par tête de gros bétail. Mais c'est là un accident assez rare. En tout cas, cet élevage répond aux besoins de l'agriculteur, désireux de réduire le travail extérieur de la ferme au profit du travail intérieur, à cause du manque de main-d'œuvre.

Réduction des frais par l'économie des bras, débouché assuré, augmentation des bénéfices, voilà en résumé les raisons qui militent auprès du chef d'exploitation en faveur du développement de l'élevage des bêtes à cornes.

LE CHEVAL.

Aux conquêtes opérées par les pâturages sur les labours a correspondu — en même temps qu'un très grand progrès de l'élevage des bovidés — une certaine extension de l'élevage du cheval. Assurément, la proximité du Boulonnais, intéressante pour le renouvellement des vieilles têtes et l'amélioration de la race, ne pouvait manquer d'exercer ses effets ; ceux-ci sont surtout sensibles dans l'Ouest de notre région. Mais il ne faut pas oublier que c'est également là, dans les cantons d'Heuchin et du Parcq, que le sol se prête le mieux à l'établissement des prairies artificielles et des pâtures.

Partout où la superficie des pâtures s'accroît, on constate une augmentation plus ou moins considérable de la population chevaline. A Blangy-sur-Ternoise (¹), depuis 1880, le nombre des poulains est passé de 10 à 25, celui des juments de 30 à 41 ; dans le même laps de temps, aux 80 hectares primitifs consacrés aux pâtures, 15 autres s'étaient ajoutés. De même Humières (²) qui possède aujourd'hui 70 hectares de pâtures contre 50 avant la guerre, a vu le chiffre des chevaux s'élever de 50 à 60 (*Carte 4*).

Il convient toutefois de considérer que l'élevage du cheval se trouve fortement concurrencé par celui des bêtes à cornes, pour lesquelles surtout on établit les nouveaux pâturages.

Dans l'Est, à vrai dire, l'élevage du cheval n'existe pas. Sans doute, il arrive assez souvent que les fermiers élèvent un ou deux poulains, mais c'est uniquement pour remplacer les vieilles têtes. Fréquemment aussi, ils s'en procurent au marché voisin pour compléter leurs attelages ; ils les achètent à l'âge de dix-huit mois et les mettent aussitôt au travail.

Même dans les villages de l'Ouest, là où l'élevage est le plus intense, celui du cheval n'est que secondaire ; c'est aux bêtes à cornes et au porc que le paysan accorde la plus grande attention.

____

(1 et 2) Questionnaires de M. Bourdon (¹), Mᵐᵉ Lesot (²).

L'élevage du cheval, d'ailleurs facile, est une source naturelle de revenus, car de toute manière, il faut au cultivateur des chevaux pour ses attelages. Il a surtout des juments : les étalons lui sont fournis, soit par le Syndicat de Saint-Pol, soit par le dépôt des Haras de Compiègne, à Hesdin, soit par des particuliers. Ainsi le profit est double : le travail de la ferme est assuré par les animaux qui mettent bas leur poulain. Une bonne jument peut ainsi avoir, en quinze ans, une douzaine de poulains. Ceux-ci sont mis en pâture, où ils peuvent se livrer à leurs ébats pendant toute la belle saison. A dix-huit mois, on les conduit aux grandes foires qui en novembre et mars

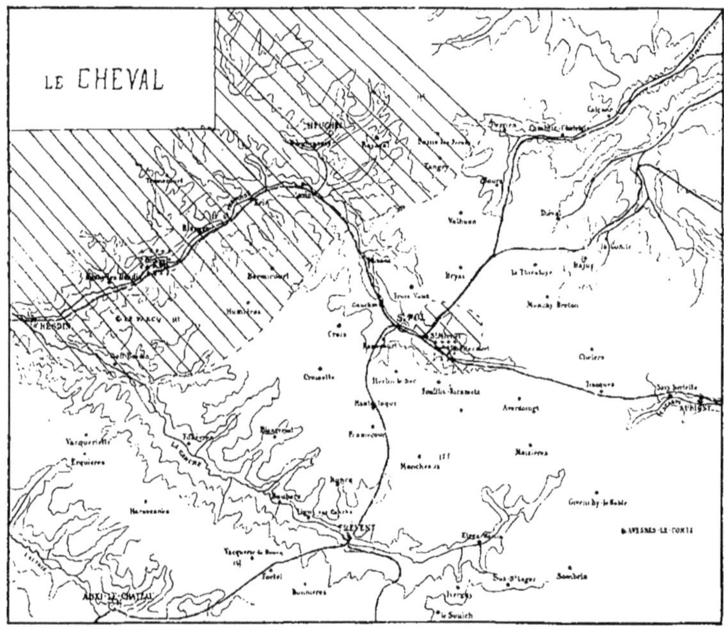

Fig. 4. — **Carte** (1) **de l'élevage du cheval** (Échelle du 1 : 400.000).

A) Nous n'avons dressé que la carte de l'élevage du cheval *destiné à la vente.* *(hachures en diagonale).*

B) Les *croix* indiquent les localités qui s'adonnent à l'élevage du cheval de course.

ou avril, se tiennent à Hesdin et à Saint-Pol. Là, viennent se remonter les cultivateurs des villages de l'Est et ceux du Vimeu qui dressent au travail des champs les jeunes chevaux. Plus âgés, on les vendait souvent, autrefois — il y a trente ou quarante ans — aux compagnies des tramways de Paris, ou à des entreprises de voirie. Les gros poulains sont conduits à Desvres où avant la guerre, venaient les acheter des Allemands

---

(1) Voir la note (1) de la page 162.

qui n'hésitaient pas à mettre des prix élevés pour faire l'acquisition de chevaux excellents pour le trait, et par conséquent, pour les équipages de l'artillerie.

Il était logique de voir s'implanter dans la région la race boulonnaise. Elle répond d'ailleurs parfaitement aux conditions physiques du pays. La culture des collines ne laisse point que d'être assez pénible : le laboureur doit posséder de solides attelages. Les côtes sont nombreuses et quelquefois de pente rapide : pour que la lourde carriole couverte à deux roues, commune à ces contrées, puisse les gravir, il faut un cheval puissant.

Grâce à sa force prodigieuse qu'annoncent son vaste poitrail et sa large croupe, le cheval boulonnais se joue de ces difficultés. Cependant le cultivateur Saint-Polois ne se tient pas pour satisfait. Il estime que pour les jours de marché, le placide boulonnais n'est pas suffisant ; il rêve d'affiner ses formes tout en lui conservant sa puissance, de le rendre apte à trotter allègrement dans les brancards de la voiture aussi bien qu'à traîner lentement la charrue.

Il est impossible de quitter l'étude de cet élevage sans signaler la grande importance prise dans la région, sous l'influence de M. de Wazières père, de Foufflin-Ricametz, par l'élève du cheval de course. Mais c'est le demi-sang normand qui emplit les haras de M. Wattine, de Blingel, et ceux de M. de Wazières, l'une des plus grosses écuries du Nord et même de France. Autrefois, M. Le Gentil, de Vieil-Hesdin, possédait de superbes étalons qu'il a vendus au sortir de la Guerre. Mais si cet élevage de haut style a toujours eu la sympathie des gros propriétaires, il laisse indifférent le cultivateur dont les préoccupations sont d'ordre purement pratique.

Dans l'ensemble, malgré le terrain favorable, depuis une quinzaine d'années, l'élevage du cheval reste stationnaire dans la région. Le marché naturel que fournissent les mines, se trouve en effet accaparé par les chevaux de pure race boulonnaise qu'il est facile de faire venir du pays d'origine.

LE PORC.

Le porc peut être considéré comme l'animal rustique par excellence. Il ne demande que fort peu de soins et légion sont les petites exploitations où on le laisse errer dans la cour au milieu des poules et des canards. Doué d'une voracité extrême, il est des plus accommodants pour la nourriture ; il accepte tout ce qu'on lui donne : lait battu, pommes de terre et betteraves cuites, rutabagas, warrats, moutures de seigle sans compter les eaux grasses et les restes des repas.

Aussi est-il permis de dire qu'il n'existe dans la région aucune habitation — même celle du plus modeste ouvrier agricole — qui ne soit en mesure de posséder au moins un porc. Acheté à six semaines, il est gras en moins de cinq mois et forme un appoint sérieux pour la nourriture du paysan, car on peut vivre des mois entiers avec sa chair que l'on a pris la précaution de conserver dans le saloir familial.

Grâce au peu de difficultés qu'offre cet élevage, on le trouve partout. Mais nulle part il n'est aussi répandu, ni aussi intense que dans les cantons de Fruges, d'Heuchin, du Parcq et de Saint-Pol. La terre labourable, qui répudie la betterave sucrière, nourrit de nombreux plants de pommes de terre dont les gros tubercules bleus doivent servir à l'alimentation des porcs. Les champs de seigle y sont plus étendus que dans le reste du pays. C'est que ces cultures pauvres sont d'un bon rapport pour le cultivateur qui sait en faire de la viande.

Familier du paysan de ces régions depuis très longtemps, l'élevage du porc a vu croître son importance dans une forte proportion au cours de ces derniers quarante ans. Boubers-sur-Canche [1] élève 60 porcelets de plus qu'en 1880 et Fillièvres [2] 20 porcs. Dans le même espace de temps, Vacquerie-le-Boucq [3] a doublé son troupeau (de 60 à 120 têtes) ; Humières [4] l'a augmenté de 80 têtes (de 120 à 200) et Blangy-sur-Ternoise [5] de 65 (350 en 1880 contre 415 en 1921). Stimulés par le voisinage d'un marché assuré et par le passage fréquent des courtiers en porcs de la région minière, les cultivateurs des villages situés au nord de Saint-Pol ont donné aux porcheries une extension vraiment formidable. A Diéval [6], par exemple, l'effectif total est passé de 150 têtes en 1880 à 400 en 1910 et à 600 en 1922 [7] (*Carte 5*).

Malgré tout, cet élevage ne laisse point que d'être assez aléatoire. Aucun marché ne subit d'aussi brusques variations. Vers 1910 l'élevage du porc était devenu si général et intensif que les marchés régionaux, Fruges, Saint-Pol, se trouvaient littéralement inondés. La production dépassant de beaucoup la capacité d'absorption du marché, il y eut une brusque mévente qui fit baisser fortement les prix. On vit offrir 5 francs et moins d'un cochon de lait de cinq semaines, que vers 1900 on n'aurait pu obtenir avec 25 francs. Etant moins fructueux, le porc fut moins en faveur. Mais la guerre survint amenant des besoins de ravitaillement considérables et faisant hausser les prix d'une façon prodigieuse. En 1918 et 1919, le cochon de lait montait à 120 francs et c'est par milliers de francs que se traduisait la vente d'une portée de coche pour le paysan. Ces circonstances particulières enri-

---

(1 à 6) Questionnaires de MM. Carbonnier [1], Baudrey [2], Thorel [3], Mme Lesot [4], MM. Bourdon [5], Forilly [6].

(7) Valhuon fait exception. Davantage préoccupé de l'élevage des bovidés, ce village, depuis quelques années, a laissé décroître l'importance de sa troupe porcine : 60 têtes en 1880, 330 en 1900, 350 en 1910, 121 en 1921 (Questionnaire de M. Loir).

chirent beaucoup les habitants, d'autant plus que, ayant chez eux à loger des soldats, très souvent ils purent nourrir leurs porcs avec les restes des cuisines militaires. On comprend ainsi que certaines fermes à deux chevaux, aient pu pendant la Guerre, réaliser annuellement 50.000 francs de bénéfice sur la seule vente des produits de la porcherie.

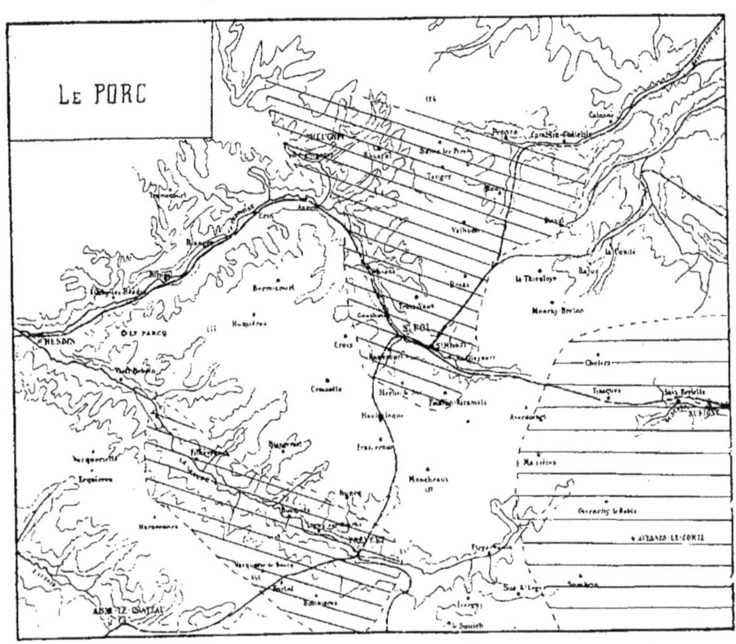

Fig. 5. — **Carte (1) de l'élevage du porc** (Échelle du 1 : 400.000).

L'élevage du porc étant général, nous avons mesuré son développement par la comparaison du nombre des habitants et de celui des porcs en 1880 et en 1922. Cette étude nous a amené à partager la région en 3 zones :

A) Zone d'élevage développé, ancien et par là même stationnaire ou à peu près (*Parties laissées en blanc*).

B) Une zone de grand développement (*hachures en diagonale*) où le nombre des porcs a *au moins doublé*, soit d'une façon absolue, soit relativement au nombre des habitants.

C) Une zone où cet élevage est plutôt en régression (*hachures horizontales*).

Mais cette production intense finit par provoquer une nouvelle crise en 1921. Le prix du même porcelet tomba à 18 et même 10 francs. Cette année, il tend vers 80 francs. C'est d'ailleurs l'éleveur lui-même qui provoque la hausse ou la baisse, suivant un mécanisme bien connu : lorsque les cours sont élevés, il jette le plus possible d'animaux sur le marché et lorsque celui-ci est saturé et abaisse ses prix d'achat, il ne produit plus de porcelets (ceux qui lui restent deviennent des « coureurs » qu'il vend

---

(1) Voir la note (1) de la page 162.

aux habitants du village), et engraisse ses coches en attendant que le marché se dégorge et que l'appel du courtier retentisse à nouveau.

Le commerce est facile car les débouchés sont proches et nombreux les intermédiaires entre producteurs et consommateurs. Il faut d'abord nourrir la région, puis la « Contrée noire », où se presse un peuple de travailleurs, dont les femmes, absorbées par d'autres soins, délaissent ceux de la cuisine et sont les clientes assidues des charcutiers. C'est directement que les cultivateurs de Diéval et de la Thieuloye traitent avec Bruay. Mais le plus souvent les courtiers attendent l'éleveur auprès de la gare de chaque marché et les lundis, Boulevard Carnot, à Saint-Pol, l'air est empli de groguements aigus de porcelets effarés. Achetés à Pernes, à Hesdin, à Fruges, ils sont embarqués pour la région minière et l'agglomération lilloise. Vers Sus-Saint-Léger, on en dirige même quelques-uns sur la Villette, mais c'est l'exception. Dans quelques villages de l'Est de Saint-Pol, on n'élève d'ailleurs plus autant qu'autrefois : les pommes de terre sont trop chères et les betteraves servent presque exclusivement à la nourriture des vaches. La culture betteravière a fait plutôt reculer le troupeau porcin. C'est ainsi que Tincques (¹) a vu diminuer de moitié en 20 ans le nombre de ses porcs (200 unités au lieu de 400). Mais peut-être ce fléchissement n'est-il que passager. Il faut observer en effet que dans l'ensemble, la région de Saint-Pol est admirablement située et outillée pour se livrer à un élevage qui a contribué déjà pour une bonne part à l'enrichir.

LE MOUTON.

Il en est de certains élevages comme de certaines cultures que le jeu des influences économiques fait disparaître — ou se transformer — pour se mieux adapter aux nécessités des temps nouveaux.

Le mouton en est un exemple frappant : animal des vastes espaces, il se trouve maintenant à l'étroit dans une région de culture intensive. Il est caractéristique des pays pauvres. C'est une loi naturelle que les moutons se raréfient à mesure que ces pays s'enrichissent. Aussi chaque progrès de la culture dans nos contrées a-t-il marqué un mouvement plus rapide de régression dans l'élevage du mouton. Son domaine était autrefois considérable : la jachère à elle seule suffisait presque à le nourrir. Son entretien coûtait ainsi peu de chose. Les textiles, les oléagineux, les cultures fourragères vinrent successivement retrécir ses parcours. Les éteules mêmes, bientôt, ne lui appartinrent plus. On a intérêt pour aérer la terre, à déchaumer le plus rapidement possible : l'extirpateur le fit encore reculer et l'obligea à ne plus guère sortir de son étable.

Si le cultivateur appréciait les beaux bénéfices que lui procurait son troupeau, il ne le considérait cependant qu'à la manière d'un accessoire de

---

(¹) Questionnaire de M. Morel.

la ferme, au même titre que la basse-cour ou le clapier : c'était un réservoir à viande pour les marchés voisins. Sa laine ne possédait pas une énorme valeur marchande mais elle pouvait être commodément employée pour la confection des matelas et des couvertures piquées de la région [1]. Chassé des champs, le mouton est devenu, avant tout, une bête à viande. Il a fallu rechercher des variétés faciles à engraisser ; on a croisé le mouton du pays, le picard, avec le flamand, plus lourd, avec le berrichon et surtout avec le South-Down, gros mangeur, capable de donner en peu de temps un fort poids en viande. Mais, étant donné ces conditions d'élevage toutes nouvelles, le cheptel ovin de la région a constamment diminué d'importance : Bonnières [2] qui a compté jusqu'à 5 bergers, n'en a plus qu'un seul ; celui de M. G. Harduin. A la fin du siècle dernier, Fillièvres [3] réunissait sous la houlette de ses 3 bergers, 250 moutons. Actuellement on ne rencontre plus qu'un berger et une centaine d'animaux. La déchéance de cet élevage est encore plus sensible au Parcq [4] où, en 1880, vivaient plus de 600 moutons, sous la conduite de 6 bergers. Cette localité n'a conservé que 80 bêtes et un seul berger. Blangy-sur-Ternoise [5] n'a maintenu que le sixième de son ancien contingent. Des 8 bergers de l'ancien temps, il ne reste qu'un. Partout, nous retrouvons des chiffres semblables, à Valhuon [6], à Herlin-le-Sec [7], à Boubers-sur-Canche [8], où la guerre a amené la totale disparition d'un troupeau de 100 têtes par suite des entraves à la circulation que mettaient les circonstances. Vacqueriette [9] a vendu son dernier troupeau vers 1890 et Humières [10] ne possède plus un seul mouton depuis une vingtaine d'années (*Carte 6*).

Sans doute, les causes auxquelles nous avons attribué cette disparition progressive sont de première valeur. Mais il en existe une autre aussi importante : le métier de berger se perd car il demande une grande expérience des animaux et soumet l'homme à une vie tout à fait spéciale et assez pénible. Il faut s'habituer à coucher, durant des mois, dans la roulotte, « au parc » ; savoir sacrifier les dimanches et ne point se relâcher d'une vigilante attention. Il est assez naturel en somme, que les jeunes gens ne consentent plus à mener semblable vie. Les derniers bergers en profitent pour élever de grandes prétentions ; ils se savent indispensables. Le berger dans une exploitation est une sorte de personnage : il a en mains un troupeau représentant 20 à 30.000 francs par 100 têtes. Aussi est-il mieux rétribué que n'importe quel autre domestique : le coût total d'un bon berger peut monter à 500 francs par mois et parfois davantage. C'est un prix trop élevé ; les fermiers se découragent et malgré les beaux bénéfices que leur rapporte la vente des moutons de boucherie, finissent par se défaire de leurs troupeaux. Des grandes fermes le mouton se retire dans

---

(1 et 2) D'après les renseignements fournis par Mme Poulain [1], M. Harduin [2].

(3 à 10) Questionnaires de M. Baudrey [3], Mme Poulain [4], MM. Bourdon [5], Loir [6], Lemaigre [7], Carbonnier [8], Mlle Hannedouche [9], Mme Lesot [10].

les moyennes exploitations où un membre de la famille se fait berger, ce qui réduit la somme des frais et garantit la valeur du travail.

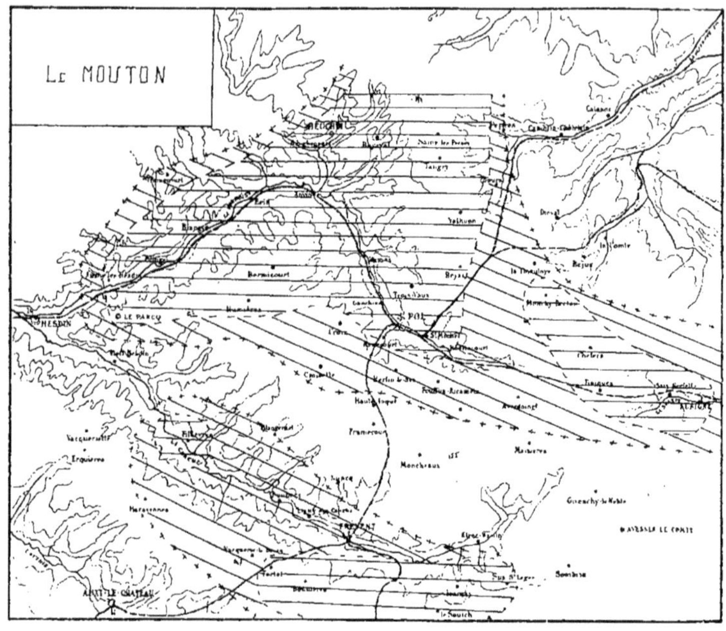

Fig. 6. — **Carte** (1) **de l'élevage du mouton** (Échelle du 1 : 400.000).

A) Les villages compris à l'intérieur de la *ligne des croix,* possédaient vers 1880 de 160 à 300 têtes de moutons.

B) *Les hachures horizontales* englobent les localités qui possèdent actuellement de 50 à 100 têtes de moutons.

Jadis, lorsque le nombre global des moutons de la région était beaucoup plus considérable, il était fréquent d'en voir arriver sur les marchés, à Aubigny, à Saint-Pol où les chevilleurs lillois venaient en partie se ravitailler : la Guerre, ayant créé de nouveaux vides dans le cheptel ovin, on n'en voit jamais plus. Les moutons restants, engraissés, surtout à l'Est, avec les drèches de la sucrerie de Savy-Berlette, fournissent simplement en viande les marchés locaux et assurent l'alimentation de la région : leur prix de vente moyen, oscillant entre 220 et 250 francs, est d'ailleurs assez rémunérateur, et l'engraissement pourrait être pour le paysan — n'étaient les difficultés relatées, qui tendent à faire diminuer le nombre des bêtes — une source de profits assez considérable. C'est ce que comprend la Société d'Agriculture de Saint-Pol qui encourage les fermiers à persévérer dans

---

(1) Voir la note (1) de la page 162.

cet élevage et institue à cet effet des expositions et des concours de bergeries.

Néanmoins, le mouton disparaît peu à peu devant les difficultés occasionnées par le manque de main-d'œuvre et par les nécessités d'une culture de plus en plus intensive. Il est facile de prévoir le moment où il ne demeurera plus dans la région que de loin en loin, comme témoin d'un âge révolu.

BASSE-COUR ET CLAPIER.

Les hauts prix que les produits de la basse-cour ont atteints depuis la guerre, leur ont attribué dans la ferme, une importance spéciale qu'il convient d'apprécier. En 1918, 1919 et surtout depuis 1920, on a vu les œufs valoir près de un franc la pièce. Or, une exploitation qui se respecte possède de cinquante à cent poules. Ce sont donc quelques centaines de francs qui, chaque mois, entrent dans les coffres du cultivateur. On peut même ajouter que c'est du bénéfice net : l'entretien des poules est en effet peu coûteux car elles picorent sur le fumier et fouillent la litière des chevaux. La maîtresse de maison n'a guère que le mal de ramasser les œufs et de vendre, chaque année, les jeunes coqs et les poulettes inutiles au renouvellement de la troupe. On ne fait aucun effort pour améliorer les races ; on recherche avant tout les fortes pondeuses : aussi rencontre-t-on beaucoup de poules italiennes qui rachètent par l'abondance de leur ponte la petitesse de leurs œufs.

C'est le Pays minier qui absorbe la plus grande partie de la production. Dans les villages éloignés des voies de communications, comme Vacqueriette, passent des « coquetiers » qui achètent les œufs à domicile et les revendent par grandes quantités à Béthune ou à Bruay. Les marchands de beurre et œufs de ces villes viennent très souvent s'approvisionner eux-mêmes sur les marchés de Pernes et de Saint-Pol (1).

La diminution constante de l'eau à la surface des plateaux, l'assèchement des mares qui tend à devenir permanent, ont fait diminuer dans chaque ·ferme le nombre des canards. Ceux-ci présentent, d'ailleurs l'inconvénient

---

(1) Il est intéressant de noter les efforts accomplis à Blingel par M. Wattine, pour l'amélioration des races de poules et de canards. Dans une maison d'aviculture superbe, on remarque des échantillons magnifiques des plus belles variétés françaises : la Bourbourg y voisine avec la Gâtinaise et la Bressane. L'élevage s'y fait en grand : à côté de couveuses d'une contenance de 300 œufs, on peut en contempler une qui en contient 2400. Mais cette tentative reste trop onéreuse pour revêtir un caractère d'utilité pratique — immédiate du moins.

de laisser après leurs ébats à la surface de l'eau des abreuvoirs, des plumes, qui, avalées parfois par les bestiaux, occasionnent certains ennuis au cultivateur.

Le lapin n'existe pour ainsi dire qu'en marge de la ferme. On l'estime pour sa chair et non pour sa fourrure, laquelle est donnée comme récompense au garçon de cour qui s'en occupe. La peau de lapin qu'on vendait 3 ou 4 sous avant la guerre a valu 4 et 5 francs pendant et après les hostilités : c'est qu'avec elle on peut imiter à peu près toutes les fourrures. et que jamais celles-ci n'ont eu une telle vogue. Elle subit à Hesdin, chez les entrepositaires, une préparation soignée qui quintuple sa valeur ; puis elle est achetée par les grandes maisons de pelleterie parisiennes.

Toutefois, comme le propriétaire ne prête attention qu'à la viande, il a intérêt à éviter d'élever des lapins de couleur chinchilla, petits et maigres, car cette couleur — si recherchée pour la fabrication des fourrures d'opossum et de chinchilla, — ne donne pas à la peau une valeur plus grande auprès des marchands de village qui, spéculant sur l'ignorance de la plupart des vendeurs, la paient le même prix que les autres. Une entente entre fermiers et pelletiers pourrait rendre plus considérable cet élevage trop négligé jusqu'ici et pourtant intéressant sous tous les rapports.

III

LES ETABLISSEMENTS HUMAINS.

L'effort accompli par le Paysan pour se mieux adapter à un ensemble de conditions nouvelles, ne s'exprime pas seulement par des modifications dans les formes de l'activité rurale mais d'une façon plus saisissante encore par les transformations qui se sont opérées à la fois dans l'habitation et les agglomérations.

L'HABITATION.

Qu'il s'agisse de la maison — dont le type le plus répandu est la maison du petit cultivateur ou « ménager » — ou de la ferme, la construction et l'aménagement des bâtiments témoignent d'une évolution qui, dans la seconde moitié du XIXe siècle et surtout depuis le début du XXe, s'est généralisée à toute la région de Saint-Pol en même temps que se développaient les moyens de communication.

A. — La maison : les matériaux de construction.

L'antique maison saint-poloise qui, pendant de longs siècles, a traduit d'une manière si fidèle, les conditions physiques du pays, a vu peu à peu, sous l'influence de facteurs économiques nouveaux tels que le chemin de fer, s'atténuer fortement et même disparaître ses caractères distinctifs. Son évolution a été fonction de celle du milieu : les relations commerciales qui se sont nouées avec l'extérieur ont permis à des matériaux venus du dehors de se substituer dans la construction, aux matériaux extraits du sol.

Les anciens matériaux : torchis, moëllons, chaume. — Les chaumières qui, de loin en loin, se rencontrent dans les villages, nous permettent de nous rendre compte de ce que fut longtemps l'habitation du paysan. Basse, étroite, de peu d'épaisseur quant aux murs, elle s'élevait de terre comme un produit naturel du sol avec lequel elle se confondait. Les poutres, les solives, les lattes nécessaires à la charpente étaient fournies par le bois voisin, — le mortier destiné au « placage » des murailles, par un mélange de paille hachée et d'argile appelé « torchis ». La paille du seigle récolté procurait le chaume du toit. La terre battue tenait lieu de plancher. Rien de donné à l'aisance, à la commodité. Pour la grange, pour les étables, une plus grande solidité étant nécessaire, le paysan établissait des soubassements avec les silex de ses champs. Plus tard, le même procédé fut employé dans la construction des maisons. L'homme commença alors à embellir son logis, qui jusque là avait été moins agréable que l'étable et la grange. Tandis qu'il laissait aux communs leur couleur terreuse, il mit sa coquetterie à blanchir ses murailles à l'eau de chaux.

Il est permis de penser que ce type assez primitif d'habitation a été commun à tout le pays. Mais les paysans aisés ont fini par dédaigner le bois et le torchis : ils ont ambitionné d'élever des corps de bâtiments en matériaux solides. Pour cela, il fallait prendre les gros moëllons calcaires du sol. Sur les plateaux, cette extraction était rendue difficile par le délitement des assises de la craie que produit l'infiltration des eaux. Les inconvénients disparaissaient dans les vallées dont les versants assez inclinés permettaient l'attaque rapide de la couche crayeuse résistante et l'extraction de moëllons solides. Ceci explique qu'on ne rencontre guère de maisons ainsi construites que dans les vallées de la Ternoise, de la Canche et de la Haute Scarpe. La grandeur des carrières témoigne de l'importance qu'eut naguère cette exploitation. La main-d'œuvre ne manquait pas en effet : elle était fournie au printemps et à l'automne par les ouvriers de chaque exploitation qui savaient également se transformer suivant les besoins en charpentiers et en maçons. Dans tous les villages, l'Église a été construite en solides blocs de craie ; dans ceux des plateaux, où il n'existe pour ainsi dire aucune maison bâtie en moëllons, elle est généralement le seul édifice de pierre. Églises et maisons ont résisté à l'action des agents atmosphériques. Néanmoins, on ne construit plus en moëllons.

La culture, qui s'est peu à peu intensifiée, ayant réclamé un plus grand nombre de bras, et les villages s'étant d'autre part dépeuplés, l'extraction a été abandonnée. En outre, le moëllon faisait les maisons trop lourdes, trop épaisses, souvent obscures et difficiles à aérer. Progressivement, il devait être remplacé par la brique (*Carte 7*).

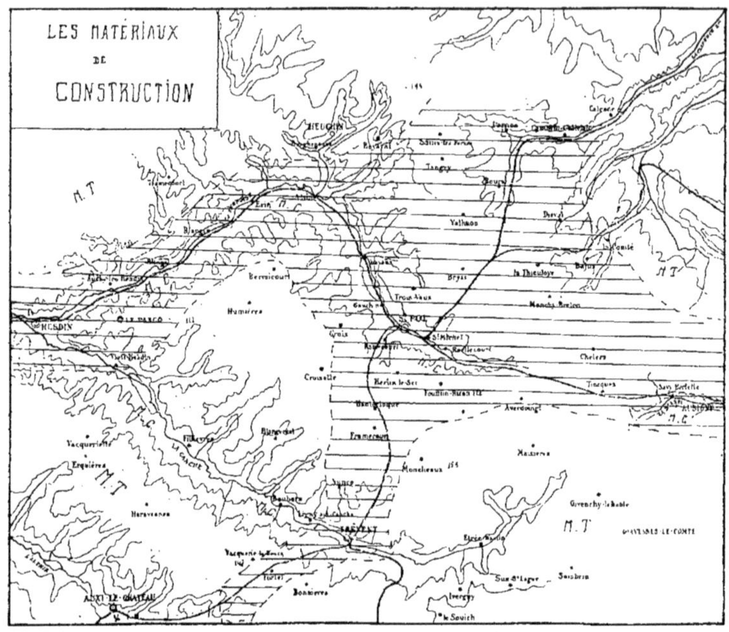

Fig. 7. — **Carte (1) des matériaux de construction** (Échelle du 1 : 400.000).

A) Les premiers matériaux : M C (prédominance des maisons de Craie) ; M.T (prédominance des maisons en torchis).

B) *Les hachures horizontales* dénoncent les progrès accomplis par la brique, surtout le long des voies ferrées.

Ces indications, forcément sommaires n'ont pas d'autre prétention que d'indiquer d'une façon nette la localisation de l'emploi des anciens matériaux.

Les nouveaux matériaux : briques, pannes, ardoises. — Avec l'établissement des voies de communication, chemins de fer et routes solides, la brique en effet a pu étendre son domaine. Son maniement est facile, son transport aisé et sa résistance assez grande aux intempéries. Cependant, malgré ces avantages évidents, la brique fut toujours considérée par le paysan comme un objet de luxe. Habitué à ne rien débourser pour l'édification de sa maison, le prix de revient d'une construction faite avec cette nouvelle matière lui semblait prodigieux. Aussi n'employa-t-il la brique qu'avec la plus grande réserve, simplement en lieu et place des grès qui constituaient jusque là le solin, afin de donner aux fondations une solidité plus grande. Sa grande préoccupation étant de lutter contre l'humidité, il profita de l'occasion pour

---

(1) Voir la note (1) de la page 162.

remplacer la terre battue de ses chambes par un véritable pavage de briques — et pour remédier aux funestes effets de l'eau sur la cimentation du solin, il enduisit celui-ci de goudron. Pour les murs, il conserva le torchis qui lui semblait plus économique. La construction des voies ferrées fut un agent actif de propagation pour la brique, grâce à l'édification des gares. Puis, la loi sur l'instruction obligatoire favorisa cette extension en rendant nécessaire dans chaque village, la construction d'une école en « dur. » Relativement nombreuses sont les communes où seule l'école est entièrement en briques.

Avec la brique, de nouveaux genres de couvertures se répandirent : la panne gagna du terrain, l'ardoise fit son apparition. L'ardoise surtout opéra une véritable révolution dans l'ornementation architecturale de la région. Elle fournit un toit plus fermé aux vents et aux pluies. Mais ce qui a sans doute décidé beaucoup de propriétaires à l'adopter, c'est l'aspect cossu et heureux qu'elle donne aux habitations, ce qui n'est pas sans flatter leur vanité. Au surplus, par son prix élevé, elle reste réservée à une minorité, et le progrès de son emploi — qui n'a jamais été aussi sensible que depuis la Guerre — ne laisse pas que d'être un indice assez significatif du développement de l'aisance dans nos campagnes. Toutefois, c'est encore la panne qui est le plus généralement employée. Sa production — à Anvin et à Leforest — peut être considérée comme régionale (tandis que l'ardoise vient de Fumay ou d'Angers) et son prix est peu élevé ; de plus, elle donne aux habitants de la maison l'intéressante possibilité de procéder eux-mêmes à la réfection de la toiture, alors que l'ardoise, par suite de sa fragilité, exige pour sa pose l'intervention d'un couvreur spécialiste, que l'on ne trouve jusqu'ici que dans les chefs-lieux de canton.

Dans l'ensemble, c'est la maison de torchis à solin de briques qui est la plus répandue dans la région de Saint-Pol. Plus l'on s'avance vers le Sud, loin des voies de communication et des influences industrielles, plus elle devient fréquènte. C'est elle qui procure aux villages des plateaux, entre Authie et Canche par exemple, cet aspect d'archaïsme qui, parfois, laisse à l'observateur superficiel une impression de pauvreté. Dans les vallées de la Ternoise et de la Canche, les nouvelles maisons vers Frévent et Hesdin, à Blangy et à Anvin sont presque toujours de briques. La région immédiatement voisine des mines et les environs des villes tendent de plus en plus à renoncer au torchis. A la vérité, la disparition de celui-ci est fatale. Les bois diminuent sans cesse et par là même les arbres acquièrent une valeur plus grande. Or, il faut énormément de poutres, de solives et de lattes pour une construction en torchis : c'est dire que le prix de revient d'une telle bâtisse est aujourd'hui assez élevé. En outre, comme les scieurs de long ont disparu avec les bois, il faut avoir recours aux offices de scieries mécaniques éloignées ou d'ouvriers non spécialistes dont le travail est lent et cher. Il y a là un sérieux inconvénient que supprime la brique.

Aussi l'emploi de cette dernière prend-il toujours plus d'importance. On peut prévoir le moment où il aura vaincu toutes les résistances. Après avoir été un élément de diversité, de variété dans le paysage, la brique sera devenue à ce moment un agent de monotonie et d'uniformité. Dès lors, l'influence du sol sur les matériaux de construction sera nulle. Partout la brique régnera. On ne pourra plus établir de réelle différence entre les maisons de chaque contrée que par l'étude raisonnée de leur aménagement intérieur.

B. — LA FERME.

La ferme saint-poloise — qu'elle soit en torchis, en moëllons ou en briques — se reconnaît à son allure massive et comme « ramassée ». Tout y est organisé en vue d'une surveillance incessante du matériel, du bétail et des récoltes de l'exploitation. Nombreux sont encore les échantillons du type le plus pur de ce genre de construction. Ce sont eux qui donnent aux villages des plateaux cet air de nécropole si caractéristique. La rue, ou plus exactement la route, ne présente une certaine animation qu'aux heures du départ ou de la rentrée des cultivateurs, animation rendue d'ailleurs bruyante par les sabots pesants des chevaux et le crissement aigu des essieux trop rarement graissés. Dans l'intervalle. tout est morne, silencieux et le voyageur égaré doit, pour obtenir un renseignement, frapper aux portes closes.

C'est que l'exploitation constitue bien une unité sociale, qui, n'était la difficulté que présente, en ces contrées calcaires, le problème de l'eau, serait parfaitement capable de se suffire à elle-même, dans la solitude la plus complète.

Cette impression est naturellement ressentie, lorsque, par la grande porte cochère à deux battants, on pénètre à l'intérieur de la ferme. C'est un monde entier qui se révèle à l'examen. Mais si l'intensité du travail reste la même que par le passé, il est indéniable que la culture ayant au cours des âges subi des modifications profondes, la ferme a dû s'adapter à de nouvelles conditions. L'esprit même des cultivateurs s'est transformé : le cultivateur désire plus de bien-être qu'autrefois.

Grâce à la pluralité des types d'exploitations qui existent dans chaque village, il est possible, semble-t-il, de se rendre compte assez clairement des facteurs qui ont déterminé une certaine évolution de la ferme saint-poloise et l'individualisation de ses diverses variétés.

C'est la cour qui réunit les différents corps de bâtiments. Très petite dans la vieille ferme, elle ne présentait aucune ouverture, sinon celle, formant porte cochère, régulièrement pratiquée à travers la grange. L'exploitation était et est encore complètement soustraite, par sa disposition spéciale, aux influences extérieures. Plus tard, la cour s'est un peu agrandie et s'est enrichie d'une seconde « fenêtre » donnant vue sur la pâture attenante à l'exploitation (*Fig. 8*).

Le fumier s'y étale encore en bonne place, mais il n'en occupe plus qu'une partie réduite et nettement délimitée alors qu'il l'encombrait autrefois. Il a même été possible, dans les grandes exploitations, d'établir une mare qui libère le personnel de la corvée quotidienne consistant à conduire vaches et chevaux à l'abreuvoir communal ou « flot ».

Fig. 8. — **LA FERME SAINT-POLOISE.**

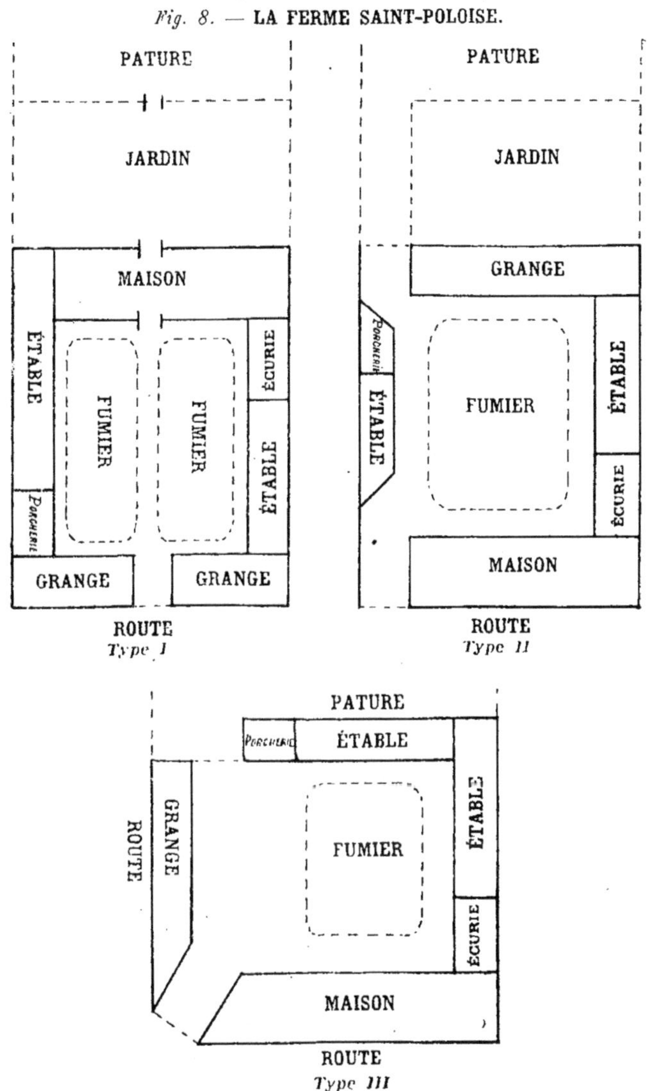

La grange, qui dans les premiers temps, avait une valeur plus grande que l'habitation elle-même aux yeux du paysan — on lui consacrait des éléments résistants pour faire un solin capable de braver l'humidité — est devenue nettement insuffisante. Les prairies artificielles qui firent leur apparition au XVIIIe siècle, opérèrent un changement radical dans la physionomie de la campagne saint-poloise. Les foins, par la place importante qu'ils prirent dans la grange, empêchèrent de rentrer comme autrefois toute la récolte de blé. Les meules se dressèrent autour des villages et leur nombre ne fit que croître au cours du XIXe siècle avec l'intensification des cultures. Puis, lorsque la technique agricole se perfectionna, on commença de battre rapidement le blé récolté. Le grain était ensuite ou vendu ou conservé dans les greniers — on ne laissait en grange que la quantité de paille nécessaire pour les besoins de l'exploitation. Aussi le nombre des meules avait-il sensiblement diminué dès avant la Guerre non sans profit d'ailleurs pour la culture qu'elles gênaient quelque peu.

La Guerre, là comme en beaucoup d'autres points de l'économie rurale, a laissé une marque de son passage, en orientant le cultivateur vers une meilleure manière de conserver le blé.

Les innombrables troupes, qui, durant les hostilités, ont séjourné dans la région de Saint-Pol, construisirent quantité de baraquements pour se loger et de nombreux abris pour leurs chevaux et leur matériel. En 1919 et 1920, certains cultivateurs purent acquérir à des prix raisonnables les plaques de tôle ondulée qui formaient le toit de ces bâtiments provisoires. Grâce à ces achats, ils purent édifier de superbes et spacieux hangars où il leur est loisible d'entasser toute leur récolte de céréales. Ils y trouvent des avantages sérieux. Leur récolte est assez proche de la maison pour qu'on la puisse surveiller effectivement et assez éloignée cependant du reste de la ferme pour éviter les causes d'incendie. De plus, sous ces larges abris, le blé se trouve hors des atteintes de la pluie et peut ainsi se conserver en parfait état aussi longtemps que cela est nécessaire. Ce n'est pas toujours le cas pour les meules : lorsque l'hiver a été pluvieux en effet, il n'est pas rare de voir la vente du grain très compromise ou même rendue impossible, par la germination qui s'est développée à l'intérieur de la meule, dans des conditions particulièrement favorables de chaleur et d'humidité.

Ces désagréments disparaissant avec le hangar, il est naturel que celui-ci ait une tendance à se répandre dans le pays, surtout dans les grosses exploitations qui peuvent mieux supporter les frais de son édification (¹).

Dans ces conditions, la grange perd beaucoup de son importance première : au lieu de constituer un véritable grenier contenant la plus claire partie de l'avoir du fermier, elle ne forme plus qu'un réservoir à fourrages. De grange, elle devient fenil. Chez les ménagers et ouvriers agricoles, payés non plus en nature, mais en espèces, l'évolution de la grange a été la même. Le foin, les fagots et les bûches ont pris la place autrefois réservée au seul blé.

(¹) Tel de ces hangars, à Foufflin-Ricametz, a coûté, nous dit-on, 90.000 francs en 1919.

Primitivement, la grange était placée au bord de la route — de façon à permettre le déchargement immédiat des bottes, sans que l'on eût à évoluer dans la cour trop exigüe —.et séparée de la maison d'habitation par la largeur de cette même cour — de façon à réduire au minimum les chances d'incendie (*Fig. 8, type 1*).

Cette disposition première, très logique ne devait cependant pas tarder à changer.

Dans chaque village, quelques petits cultivateurs, désireux d'augmenter les maigres ressources qu'ils devaient à la culture et à un travail opiniâtre, ne tardèrent pas à comprendre l'intérêt que pourrait présenter pour eux l'adjonction d'une auberge à leur exploitation. C'était un moyen facile et assuré de gagner de l'argent, nombreux étant les voyageurs et marchands allant à la foire de la ville voisine ou en revenant. Mais pour attirer plus sûrement la clientèle, il fallait renverser le dispositif de la ferme, reléguer la grange à l'arrière-plan et placer l'habitation sur le bord même de la route (*Fig. 8, type 1*). Les autres cultivateurs imitèrent ce nouveau mode de groupement des bâtiments dans la construction des fermes. Ils étaient las de voir leur maison servir de passage au bétail allant de l'étable à la pâture ou inversement. Cette promiscuité et cette servitude les importunaient. Ils résolurent de se rendre plus indépendants, en plaçant leur habitation du côté de l'exploitation ou face à la route. Il est facile de se rendre compte qu'un autre mobile encore les poussait à agir de cette manière. Il suffit de constater que les plus anciennes fermes ne possèdent qu'un simple jardin derrière l'habitation : la pâture a dû être établie en un autre endroit du village, — ce qui n'est pas sans procurer quelque ennui au cultivateur. En changeant son habitation de place, le cultivateur se réservait la possibilité d'aménager une pâture attenant à l'exploitation et communiquant par une porte avec la cour.

C'était une amélioration sérieuse dans les rapports des bêtes et des gens. La maison était désormais indépendante. La grange se trouvant soit au fond de la cour, soit perpendiculairement à la rue, de l'autre côté de la cour, celle-ci dut s'agrandir pour permettre les évolutions des chars.

A cet agrandissement extérieur résultant d'un légitime besoin d'émancipation vis-à-vis du bétail, devait correspondre un désir naturel de plus de bien-être que par le passé. La grande pièce dénommée salle, a acquis une certaine tenue ; ses murs se sont ornés ; on y mange et on y cause autour du moderne poêle qui de plus en plus, par suite du manque de bois, de la proximité du bassin houiller, et de la chaleur plus douce que dispense le charbon, remplace l'ancienne cheminée à chenêts.

Le « fournil », si longtemps le centre des occupations culinaires de la ferme, voit ses attributions devenir essentiellement familiales. On n'y cuit plus comme autrefois la nourriture des porcs. Une chaudière est affectée à cet usage, dans un coin retiré de l'exploitation. On n'y pétrit plus le pain et rarement le four s'embrase pour une autre cause que la fabrication des tartes des jours de fête. Le rez-de-chaussée possède encore une ou deux chambres à coucher. On les trouve quelquefois au premier étage dans les fermes récentes : par leur solidité, les matériaux nouveaux permettent l'exhaussement de la maison.

La disposition de la ferme ainsi décrite n'est pas forcément immuable. Certaines circonstances spéciales peuvent influer dans le sens d'une orientation que celles examinées jusqu'ici. A un croisement de routes, par exemple, les avantages des deux combinaisons précédentes se trouveront réunies : maison et grange auront jour sur des routes différentes et la porte cochère les séparera. Cette économie absolument remarquable des bâtiments, se rencontre très souvent et semble avoir été particulièrement recherchée (*Fig. 8, type II*).

Enfin, étables, porcherie, écurie se sont agrandies avec la cour, mais leur place n'a pas varié, la plupart du temps. Elles sont toujours à droite et à gauche de l'habitation, de façon telle que jamais le vent ne puisse apporter dans les chambres les odeurs du bétail.

Adaptation primitive extrêmement étroite aux nécessités agricoles, recherche du bien-être et de l'indépendance telles sont les directives qui ont présidé à la conception de la ferme saint-poloise et régi son évolution ultérieure.

LES AGGLOMÉRATIONS.

L'étude des facteurs naturels et humains qui conditionnent la répartition géographique des habitants et les modalités de groupement des habitations, est pour le géographe particulièrement suggestive. Pour toute l'étendue des plaines de craie du Nord de la France, la question a retenu à juste titre l'attention de notre éminent devancier, M. Albert Demangeon, et l'exposé qu'il lui a consacré est sans contredit l'un des plus substantiels de sa *Plaine Picarde*. Aussi comprendra-t-on que renvoyant à cet ouvrage classique le lecteur désireux surtout de s'instruire des faits communs à l'ensemble de nos terrains crayeux, nous nous bornions à apporter ici un certain nombre de données complémentaires ou nouvelles s'appliquant plus spécialement à la région de Saint-Pol.

A. — LES VILLAGES.

Si les divers types d'habitations que nous venons de décrire succinctement coexistent pour ainsi dire dans tous les villages, — où ils constituent autant d'éléments de variété locale, — il est un fait qui, à notre sens, est digne de remarque : c'est que chacun d'eux se retrouve d'un bout à l'autre du pays avec des aspects et des aménagements similaires. Rien ne permet donc, au point de vue des types d'habitation et des matériaux de construction — encore que la brique prédomine au Nord et le torchis au Sud (*Fig. 7*) —

d'opposer véritablement les unes aux autres telles ou telles parties de notre région.

Il n'en est pas de même en ce qui concerne les modes de groupement : ceux-ci accusent en effet, entre l'Est et l'Ouest, un contraste frappant et qui n'est pas sans corrélation avec celui qui nous a été révélé par l'examen des formes de l'économie rurale. Rassemblées en grosses agglomérations trapues sur les larges champs fertiles qui s'étalent du côté d'Arras, les habitations paraissent se disloquer davantage et s'éparpiller quelque peu à mesure que l'on avance vers l'Ouest. Certains villages de l'Est, comme Hermaville et surtout Habarcq donnent l'impression qu'un mur les entoure et les empêche de déborder dans la campagne avoisinante, tant ils sont massés : les maisons se serrent et la route devient une véritable rue. D'arbres, très peu, de haie, aucune. Nul charme champêtre : c'est le pays de la culture intensive. On ménage la terre, si chère et précieuse et le village surpeuplé est un peu comme un « coron » habité par des cultivateurs. A l'Ouest, dans les cantons d'Heuchin et du Parcq, l'économie rurale change de caractère. L'exemple est donné par le Boulonnais : aussi le village s'orne-t-il d'une riche ceinture de pâtures plantées de pommiers ou de peupliers. Les exploitations souvent même s'espacent pour se permettre mutuellement une possession plus complète d'herbages nombreux. Il en résulte un certain cachet de pittoresque et de gentillesse. Mais la transition n'offre aucune brusquerie et en maints endroits, il serait impossible de tracer entre les aires d'extension de ces modes de groupement différents, une ligne de démarcation quelconque (¹).

Le site. La recherche des emplacements favorables. — On sait que, d'une façon générale, l'eau, en pays calcaire, est le facteur le plus important du choix de l'emplacement des villages. Éminemment perméable, le sous-sol crayeux de la région de Saint-Pol n'échappe pas à la règle.

Il est indéniable que le pays s'assèche. L'existence de nombreux vallons secs, la migration continue vers l'aval des sources des cours d'eau, l'approfondissement des puits rendu nécessaire en bien des cas par la baisse du niveau des nappes aquifères, démontrent suffisamment la réalité du fait. Sans doute, les effets du réchauffement post-glaciaire du climat et la constitution du sol ont exercé sur de telles modifications une influence prépondérante. Mais il nous semble être certain qu'une part de responsabilité incombe à

(¹) Il n'est pas sans intérêt de noter que les crêtes limoneuses qui se prolongent vers l'Ouest jusque dans l'intérieur de la zone d'élevage, sont dominées par des villages, tels que Tangry et Valhuon, dont l'aspect est presque semblable à celui des villages de l'Est, des cantons d'Aubigny et d'Avesnes-le-Comte. Le fait montre clairement que l'orientation vers l'élevage de ces communes — qui d'abord, s'étaient adonnées à la culture et groupées en ordre serré — a été ensuite déterminée par des facteurs d'une nature purement économique (raréfaction de la main-d'œuvre, etc.).

l'Homme : l'Homme, en déboisant d'abord et plus tard, au XIX⁰ siècle, en installant des sucreries, distilleries et brasseries dont la consommation d'eau est énorme, a hâté assez sensiblement, croyons-nous, l'évolution naturelle du pays vers l'assèchement. En tout cas, le problème de l'eau a toujours été un souci pour le paysan de la région de Saint-Pol et tend, de plus en plus, à devenir à proprement parler un problème vital.

Presque toujours l'emplacement primitif de l'agglomération rurale a été déterminé par la proximité d'une rivière ou d'un ruisseau, et l'influence de la terre — qui ne saurait d'ailleurs être négligée — n'a été, la plupart du temps, que secondaire ou postérieure.

Le cas de Valhuon, village typique des plateaux, aujourd'hui à l'écart de tout point d'eau, est des plus suggestifs à cet égard. Au XVI⁰ siècle, Valhuon était situé plus à l'Est que de nos jours, à un endroit nommé « Gaillon ». Il fut brûlé par les Espagnols et se reconstruisit près des sources de la Clarence, à l'Ouest, là où la terre était meilleure. La tradition de ce sinistre s'est perpétuée dans le village et les lieux-dits rappellent tous le souvenir de l'ancien emplacement : « La Justice », « La vieille Église ». Le village s'était donc primitivement installé en un point peu éloigné d'une part des sources de la Clarence (1 km.) et d'autre part à la limite des terrains les plus fertiles, que l'on cultivait dans leur totalité. Après l'incendie, les sources de la Clarence émigrant progressivement vers l'aval, c'est-à-dire vers l'Est, on dut renoncer à les suivre, et on prit résolument à l'Ouest un emplacement plus avantageux au point de vue agricole. Le même exemple se retrouve à Estrées-les-Crécy. La Maye a abandonné la partie supérieure de son lit et les maisons ont maintenant une certaine tendance à s'allonger vers les bonnes terres, sur le rebord desquelles elles s'étaient toujours tenues jusqu'alors.

Beaucoup de vallons, actuellement secs, ont autrefois sans doute, grâce à la présence dans leur fond d'un mince ruisseau, déterminé l'installation d'un village. On pourrait à ce sujet multiplier les noms : contentons-nous de citer Blangerval, Beauvois, Humières, Framecourt. Il y a une trentaine d'années, Diéval possédait encore trois ruisseaux : il ne lui en reste plus qu'un, la Brette. Savy-Berlette se voit également délaissée par la Scarpe qui, théoriquement, prend sa source à Monchel, à deux kilomètres en aval de Berlette.

Mais jamais les difficultés nées de la disette d'eau n'avaient été aussi aigues qu'en 1921. La grande sécheresse de l'année 1921 a mis dans le plus grand embarras les agriculteurs des plateaux. Rapidement, l'eau a déserté les puits, dont quelques-uns étaient déjà très profonds (100 m. au Parcq, 80 à Fortel, 63 à la ferme de Croisette) et qu'il a encore été nécessaire d'approfondir. Il a fallu faire quotidiennement, en plein été, plusieurs kilomètres pour aller quérir en de vastes récipients l'eau nécessaire aux bestiaux. Tangry, Sains-les-Pernes se ravitaillaient à Pernes, Valhuon à Bours ; Foufflin-Ricametz devait même aller à 8 km, à Gauchin, en aval de Saint-Pol. La Ternoise s'est d'ailleurs fortement asséchée. Sa source se trouvait jadis en amont de Roëllecourt. Jusqu'en 1920, on la faisait partie de Catherinette, dans la commune de Saint-Michel — pendant l'été de 1921, elle a abandonné Saint-Pol, — peut-être définitivement. Il n'est pas de commune des plateaux qui ne se lamente au sujet du manque d'eau et qui, chaque année, ne doive approfondir les anciens puits ou en forer de nouveaux (1).

Quelle que fût la valeur agricole du sol des plateaux, il était naturel que dans cette recherche de l'eau, les berges des rivières parussent favorables à l'établissement des agglomérations. De fait, chaque vallée possède des villages nombreux, qui se succèdent tous les deux ou trois kilomètres. Grâce aux hameaux dont ils s'entourent, ils occupent de vastes surfaces et peuvent cultiver à la fois les alluvions de la vallée et les terres arables du plateau. C'est ainsi que dans la vallée supérieure de la Clarence, Bours possède quatre hameaux. En même temps que le village se fragmente, les habitations s'espacent, et le voyageur qui parcourt la vallée de la Canche, celle de la Ternoise ou celle de la Haute-Scarpe, ne reste jamais pendant une minute sans voir une maison : sous des noms divers, la vallée ne forme à la vérité qu'un seul et même village naturel.

Influence des voies de communication. — Animé tout entier du désir de s'établir dans les emplacements les plus propres à assurer son existence agricole, tant par la qualité des terres que par la présence de l'eau, le paysan n'a d'abord attaché qu'assez peu d'importance aux facilités de la circulation.

C'est pourquoi les voies modernes de communication — routes et chemins de fer — postérieures à l'établissement des agglomérations rurales, devaient influer si profondément sur le développement ultérieur de celle-ci, et prendre ainsi une valeur géographique considérable.

Les routes donnent la mesure du développement pris par l'agglomération ainsi que sa direction. Le village n'est point resté immobile. C'est un organisme vivant, sans cesse à la recherche du mieux. Assuré d'avoir de l'eau, il s'éloigne peu à peu du puits et s'avance vers les meilleures terres, afin d'abréger autant que possible le temps nécessaire pour s'y rendre. Il établit des « chemins de terres » destinés à permettre les charrois, et à donner l'accès de toutes les parties du terroir aux habitants. Il prolonge quelques artères jusqu'au village voisin. Les chemins vicinaux et les routes

---

(1) Il est assez compréhensible que dans ces conditions, le puits devienne une sorte d'objet sacré. Il est d'utilité publique : il a creusé à frais communs et la jouissance en est commune. Tous l'entourent de soins : il est enfermé dans une sorte de cage en planches de façon à empêcher la poussière de la route de venir altérer la qualité de son eau. Pour les bêtes, on établit une mare commune, un « flot » (voir page 239) qui est soumis à toutes les vicissitudes du climat. Plein à déborder en hiver, il est presque à sec en été. Mais telle qu'il est, il rend les plus grands services aux cultivateurs.

départementales n'ont fait que se substituer à eux. Aussi leur tracé est-il très sensible au relief du sol et épouse-t-il avec une grande exactitude, en devenant une rue, la forme parfois capricieuse des villages. Même si depuis leur établissement on remarque une certaine tendance des nouvelles constructions à s'aligner dans leur sens propre, on peut affirmer, sans crainte, qu'ils offrent avant tout le caractère d'une consécration d'un état de fait antérieurement existant. Les exemples abondent : Bonnières, Croisette, Vacqueriette, se sont étendus dans toutes les directions et par leur allure générale obligent les routes à effectuer des contorsions sans nombre.

Un facteur de changement de vie pour le village, bien autrement important, c'est la Route Nationale. Elle va, de ville à ville, étrangère aux influences locales, dédaigneuse des agglomérations de moindre importance. Mais comme elle offre le considérable avantage de mettre les villages qui la bordent en communication directe et commode avec les villes et les marchés voisins, on voit les agglomérations se dédoubler petit à petit et établir une façade de maisons sur la route : la Route Nationale Nº 16, de Paris à Dunkerque, en offre de superbes exemples : Herlin-le-Sec, Framecourt, Nuncq. Sur celle de Montreuil à Mézières, Tincques, Humières et le Parcq surtout sont caractéristiques.

Le Chemin de fer, dont l'apparition ne remonte pas au delà de 1874 dans la région, a exercé depuis cette époque une influence grandissante. Plus que la route, il est propre à modifier l'aspect, la direction du village et à varier les occupations de ses habitants. Grâce à lui, les échanges sont plus commodes et plus rapides et les industries peuvent s'établir. Pernes, d'abord confiné dans la vallée d'un petit affluent de la Clarence, a déjà garni de maisons la côte qui conduit à la gare. Il se forme peu à peu aux environs de celle-ci un nouveau quartier, et d'autant plus rapidement qu'une fabrique de ciment, établie en bordure de la voie, n'hésite pas pour attirer des ouvriers, à bâtir à leur intention des maisons en ciment. Il y a là un phénomène de dédoublement très net. En même temps, Pressy-les-Pernes s'allonge vers Pernes, en un chapelet de maisons. Pareillement, aux portes du chef-lieu d'arrondissement, Troisvaux pousse ses maisons vers le centre de voies ferrées et d'échanges qu'est devenu Saint-Pol. La station de Bryas se trouvant à deux kilomètres, Valhuon comble peu à peu, par ses nouvelles constructions, la distance qui le sépare de son hameau, Antin. Blangy-sur-Ternoise, primitivement installé sur le versant gauche de la vallée, se concentre actuellement autour de la gare. Cette partie neuve du village est à la fois la plus importante et la plus belle. L'espace étant limité, pour rester à proximité de la gare, on bâtit de l'autre côté de la Ternoise.

Un exemple des influences exercées par les diverses conditions économiques sur l'établissement et le développement des villages va nous être fourni par Savy-Berlette, dont le nom rappelle la double origine. Savy et Berlette étaient primitivement séparés par une distance de trois kilomètres. Peut-être Berlette n'était-il qu'un hameau de Berles au même titre que Monchel. Leur situation était excellente : la terre limoneuse n'était pas éloignée et le problème de l'eau se trouvait résolu par la présence de la Haute-Scarpe, qui permettait aux deux agglomérations de s'étendre à leur aise dans la vallée.

En 1738, une chaussée royale, devenue la Route Nationale de Montreuil à Mézières, fut établie dans la région. Elle longea Berlette. Les habitations de cette localité se concentrèrent immédiatement autour de la route. Savy, désireux de profiter autant que possible des avantages procurés à sa voisine, poussa dans sa direction un chapelet de maisons, si important déjà que, vers la fin du siècle, on réunit les deux villages dans une appellation commune. En 1871, Savy à son tour se trouva favorisé : une gare fut établie au Nord du village.

Le phénomène précédent se reproduisit, mais en sens inverse. Savy s'immobilisa autour de sa nouvelle gare. Par contre, Berlette bâtit moins sur la route et davantage vers Savy. Le chemin désert qui conduisait de Berlette à Savy est devenu une véritable rue de 4 km. de longueur. Signalons en même temps que la proximité du marché d'Aubigny exerçait sur Savy une influence certaine qui se traduisait par la construction de nombreuses maisons sur la route d'Aubigny.

B. — Bourgs et marchés. Saint-Pol.

L'évolution des agglomérations rurales est en effet inséparable de celle des bourgs et marchés, au premier rang desquels il faut placer Saint-Pol. Sans doute, l'analyse des phénomènes régionaux de concentration industrielle et urbaine — tels qu'ils se manifestent à Frévent, à Saint-Pol, ou même à Auxi-le-Château — ne saurait entrer dans le cadre d'un travail exclusivement consacré à la vie rurale. Cependant, la constitution de ces noyaux urbains ne s'est pas accomplie sans que les effets s'en fissent sentir dans l'activité des campagnes. Sans entreprendre l'étude de la ville de Saint-Pol en elle-même, il nous paraît donc intéressant de dire quelques mots de son marché dont les caractères synthétisent assez bien ceux des marchés de moindre importance (Avesnes-le-Comte, Aubigny, Pernes, etc.) et fournissent une idée assez juste des échanges auxquels donnent lieu les divers produits agricoles de la région.

Des ouvrages des historiens locaux, et notamment de M. Edmond Edmont, le savant auteur, en collaboration avec M. Gilliéron, de l'*Atlas linguistique de la France*, il y a lieu de retenir que Saint-Pol doit son existence à la présence d'un abrupt qui domine l'ancien cours de la Ternoise et sur lequel s'est établi un château-fort. C'est au pied de cet escarpement que se sont groupées les maisons.

Placée au bord de la vallée de la Ternoise, dans une forte position, elle acquit promptement une certaine importance comme lieu d'échanges, car le commerce recherche avant toute chose la sécurité. Au point de vue économique, elle commanda bientôt toute la région. Autour du marché qui se tenait au pied du château, se bâtirent de nombreuses maisons de commerçants, de maréchaux-ferrants, d'aubergistes.

A jour fixe, chaque semaine, le bourg se congestionnait sous l'afflux des campagnards des environs. Longtemps le paysan fut obligé d'aller vendre directement sur les marchés sa récolte et son bétail. Ce n'était pas toujours la plus simple de ses besognes. Parfois, il se déplaçait de fort loin. Il arrivait même que pour réussir à écouler son lin, son œillette et son colza, il dût partir avec son char pour Arras ou pour Doullens. Saint-Pol était plutôt le lieu d'échange des céréales : le « marché aux grains » avait acquis une certaine réputation. Une vaste place lui était réservée et se trouvait souvent trop étroite. Un monde spécial vivait alentour : l'agriculteur trouvait à son arrivée des « bouteurs » ou « portefaix » pour décharger sa marchandise et — lorsque la vente avait été mauvaise — pour lui garder le surplus jusqu'au marché suivant. Pendant la vente même, le « mesureur » armé d'un long bâton, veillait à donner toujours au client la bonne et juste mesure. Aujourd'hui, le marché aux grains n'existe plus qu'à l'état de souvenir : l'un des effets de l'établissement du chemin de fer a été de le tuer peu à peu, ainsi que nous l'avons vu plus haut (¹), en facilitant les opérations des courtiers et en permettant la vente sur échantillons, procédé infiniment plus commode qui s'est rapidement généralisé depuis une quarantaine d'années.

Ce procédé ne peut être employé pour la vente des bestiaux : avant d'acheter un animal il convient de le voir, de le palper par soi-même. C'est ce qui a permis au « marché aux bêtes » de se maintenir. De fait, les grandes foires de Saint-Pol conservent une certaine renommée. Celle de Mars est la plus importante : c'est le printemps ; dans les pâtures l'herbe commence à poindre. C'est le moment d'y lâcher vaches, veaux et poulains. Aussi cette foire est-elle courue : on se déplace de très loin pour venir acheter ou vendre, d'Arras, de Béthune, d'Hesdin, d'Auxi-le-Château, de Doullens.

On n'y amène d'ailleurs que les vaches laitières. Les vaches grasses ne passent pas au marché. Elles sont directement achetées au fermier par les marchands de vaches de Saint-Pol, Frévent, Bouquemaison, etc... (généralement anciens bouchers, connaissant admirablement le pays et ses ressources) qui en font des wagons à destination de la région minière ou de l'agglomération lilloise. Il y a là un sérieux indice de transformation nouvelle.

Mais, pendant la plus grande partie de l'année, Saint-Pol n'est qu'une petite ville morte qui un jour par semaine renaît à la vie. Pendant quelques heures, une activité singulière se manifeste dans les artères principales et sur la place ; la population est presque doublée : les restaurants, les cafés sont bondés, les rues étroites sont encombrées par les paysans que suivent les

---

(¹) Voir page 170.

vaches, nonchalamment, en tirant sur la longe. On ne se déplace pas facilement à la campagne : aussi profite-t-on de cette journée de marché pour, une fois les produits de la ferme vendus, faire l'emplette de ce dont on a besoin. Aujourd'hui comme autrefois, une notable partie de l'argent du pays reste à Saint-Pol et enrichit la ville. L'état de choses du passé ne s'en est pas moins profondément modifié avec la création du chemin de fer : le ravitaillement des campagnes n'appartient plus exclusivement au marché. Les merceries, les épiceries se sont multipliées dans les villages et concurrencent grâce à l'approvisionnement direct aux grands centres producteur, que leur permet la voie ferrée, les voitures cependant bien achalandées-véritables succursales ambulantes envoyées par les marchands de la ville. Le commerce est devenu de plus en plus local. D'autre part cependant, le chemin de fer a étendu considérablement les possibilités pratiques d'attraction du marché, et les besoins matériels du paysan, comme ceux du citadin, se sont énormément accrus. Aussi, une poussée fébrile d'activité dans les échanges ruraux continue-t-elle à se renouveler un matin de chaque semaine. Mais l'après-midi, tout se vide : les trains repartent, pleins à craquer d'un monde au verbe sonore, tandis que sur les routes, s'égrènent au trot lent des Boulonnais pesants, les lourdes voitures à deux roues, et que le bourg retombe dans sa somnolence coutumière.

IV.

LA POPULATION.

Par les chapitres précédents, le lecteur a pu se rendre un compte assez exact des besoins de la région de Saint-Pol pour être à même de juger à présent des questions que soulève l'étude de la population rurale.

La connaissance des éléments constitutifs de la population et de leurs relations mutuelles est indispensable au géographe : elle lui permet de saisir certaines particularités régionales et l'aide à mieux comprendre les mouvements et la répartition des habitants.

Nous verrons d'autre part qu'à l'origine du double problème de la dépopulation et du manque de main-d'œuvre se place une question de propriété. La possession d'un lopin de terre rive le plus modeste travailleur au village : aussi lontemps qu'il parviendra à « joindre les deux bouts », l'idée de changer de milieu ne viendra même pas l'effleurer. Ceux qui partent définitivement sont ceux qui ne possèdent rien : aucun intérêt ne les retient aux champs. Il est donc nécessaire de préciser d'abord la situation actuelle des classes rurales. Cette situation ne peut évidemment se définir qu'en fonction du régime foncier — c'est-à-dire des conditions générales de la propriété et de l'exploitation.

LES CLASSES RURALES

Il nous a semblé intéressant de rechercher dans quelle mesure l'agriculteur est, désire et peut être le propriétaire des champs qu'il exploite. Dans cette région, est exploitant à bail celui qui ne peut être propriétaire : quand on est trop pauvre pour acheter, on loue. Propriété et exploitation ne sont ici que deux aspects d'une même question, et le souci de la propriété est le ressort de toutes les énergies rurales.

Propriétaires « du pays » et propriétaires « forains ». — Un premier fait à observer, c'est que le paysan est loin d'être le seul propriétaire de la terre qu'il exploite. La terre a toujours constitué un placement solide et souvent avantageux. Sa valeur est variable mais jamais nulle. Aussi n'est-il pas étonnant de constater combien dans nos campagnes les propriétaires étrangers, les forains, ont toujours été nombreux.

A la vérité, à part M. Elby, Directeur-Administrateur des Mines de Bruay, acquéreur du Château de Remaisnil et de nombreuses fermes et terres dans les environs, le type du vrai forain, capitaliste étranger au pays, n'est pas connu dans la région de Saint-Pol. Celle-ci, en effet, n'est pas réputée pour ses fermes comme la Flandre ou la Beauce ; la valeur de la location y est relativement assez basse, et le locataire s'y montre souvent trop peu pressé d'acquitter les termes de son loyer : autant de raisons pour éloigner le capitaliste épris de rendement gros et fixe. Mais par contre, nombreux sont dans les villes les descendants d'anciens propriétaires-exploitants qui ont conservé à la campagne les intérêts fonciers dont ils ont hérité : quelques-uns même, au moins avant la Guerre, employaient volontiers une part de leurs économies à arrondir leurs domaines ruraux. Cette catégorie de forains — rentiers, commerçants, industriels résidant à Hesdin, Arras, Aire-sur-la-Lys, Douai, Lille, etc. — était représentée en 1880 par 12 unités à Vacquerie-le-Boucq (1) et 40 à Blangy (2). Valhuon (3) en avait une dizaine, et Le Parcq (4) 5.

La période troublée que nous venons de traverser a amené des changements considérables. Les petits rentiers ont vu diminuer leurs ressources et ont été obligés de vendre leurs biens pour subsister. D'autres propriétaires ont voulu profiter de la hausse des prix de la terre et ont vendu à des prix avantageux. Le fait s'est produit sur une vaste échelle à Savy-Berlette où les Hospices d'Arras possédaient de grands domaines. Presque partout on constate actuellement une diminution importante du nombre des forains. Il n'y en a

---

(1 à 4) Questionnaires de MM. Thorel (1), Bourdon (2), Loir (3). Mme Poulain (4).

plus que 3 à Vacquerie-le-Boucq [1] et 3 à Valhuon [2] ; on n'en voit plus un seul au Parcq [3], non plus qu'à Diéval [4].

Il y a encore lieu de remarquer que beaucoup de propriétaires étrangers au village sont des cultivateurs des communes avoisinantes qui prennent part aux ventes. Le terroir n'est qu'une division administrative. Il n'y a aucune différence dans les possessions de deux communes, si bien que maints villages voient le nombre des propriétaires étrangers égaler ou dépasser celui des propriétaires locaux. Vacqueriette [5] en a 35 contre 28 résidents et Savy-Berlette [6] 191 contre 125. Cependant partout, incontestablement, le contingent des cultivateurs-propriétaires augmente, et parfois dans de fortes proportions. Sus-Saint-Léger [7] qui en comptait 30 en 1880, en a maintenant une quarantaine. Valhuon [8] en accuse 70 au lieu de ses 60 d'avant-guerre. Savy-Berlette [9] 125 au lieu de 115, et le Parcq [10] 80 contre 65. Il y a là un indice significatif de l'enrichissement des campagnes.

Petits et moyens propriétaires ou exploitants. Les ménagers. — A cet enrichissement correspond un accroissement en importance de certaines classes aux dépens des autres. Ce sont les petits et moyens exploitants, dont on rencontre en chaque village un assez grand nombre, qui, en général, ont fait l'acquisition des terres mises en vente par les forains.

La condition de ménager représente le premier stade de la propriété. Le ménager est encore ouvrier agricole, mais déjà il ne dépend plus entièrement d'autrui. Il a un capital engagé dans une culture minuscule : deux ou trois champs — d'une contenance totale d'une « mesure [11] » — pour le labour desquels il est obligé d'emprunter la charrue et le cheval d'un fermier, qu'il rémunère par des travaux de moisson, de battage, ou encore d'arrachage de betteraves. Il est avant tout le « client » — au sens étymologique du mot — d'un gros exploitant dont il ne pourrait se passer. Le plus souvent il possède une vache et parfois deux. Il lui est assez difficile de les nourrir ; il doit avoir un champ de prairies artificielles ou de betteraves fourragères, et nombreux sont les villages où le long des chemins et sur les talus se remarquent des vaches gardées par des enfants : c'est une des formes de la vaine-pâture que vient d'interdire, sous peine d'amende, le nouveau code de la route — les bestiaux gênant le passage des automobiles et des moto-cyclettes. La Société d'Agriculture de Saint-Pol a protesté véhémentement contre semblable interdiction : et de fait, c'est un coup terrible porté à la plupart des ménagers et par suite la main-d'œuvre.

(1 à 10) Questionnaires de MM. Thorel [1], Loir [2], Mme Poulain [3], M. Fouilly [4], Mlle Hannedouche [5], MM. Théry [6], Dreuille [7], Loir [8], Théry [9], Mme Poulain [10].

(11) On compte ordinairement par « mesures » de 42 ares 91 centiares « quartiers » de 10 ares 73 centiares, et « verges » de 42 centiares 91.

Mais dans les villages des vallées de la Ternoise, de la Canche et de l'Authie, ils trouvent des facilités particulières pour nourrir leurs bêtes, grâce aux « communaux » anciens terrains tourbeux, que la culture ne pouvait utiliser et qui ont été convertis en pâtures. Leur superficie varie suivant l'importance de la commune, la largeur de la vallée et l'état de la culture. Elle est de 6 hectares à Fillièvres [1], de 40 à Blangy-sur-Ternoise [2]. Les modes d'utilisation ne sont pas partout les mêmes. Dans beaucoup de villages de la Canche, de la Ternoise et de l'Authie, chaque habitant est autorisé à en jouir moyennant une rétribution annuelle d'environ 15 francs par tête de bétail. Seuls, vaches, veaux et poulains sont acceptés. Les moutons tondent l'herbe de trop près. Les animaux pâturent d'avril à octobre sous la surveillance du vacher communal, généralement un vieux manouvrier, heureux d'augmenter tous les ans son modeste budget d'un millier de francs environ.

Chaque matin vers six heures il parcourt toutes les artères du village ; au son de sa trompe, les portes cochères s'ouvrent et les vaches des diverses maisons se forment en troupeau sous sa conduite. Malheureusement, la terre, souvent inondée, ne fournit qu'une herbe courte, maigre, et le manque de soins lui est fort préjudiciable. Les bouses de vaches ne sont jamais épandues et mangent l'herbe en de nombreux points.

Certaines communes ont trouvé bien préférable de ne pas faire la dépense d'un vacher : elles se contentent de mettre les communaux en location à bail par voie d'adjudication après une division préalable en parcelles. Ainsi en va-t-il à Fillièvres. Le locataire de chacune de ces parcelles peut, à volonté, la convertir en pâture pour ses vaches ou laisser pousser l'herbe pour la faucher et la convertir en foin.

Dans les pays à culture plus évoluée, plus intensive, les communaux ont été fortement réduits. On n'en trouve guère que 50 ares à Savy-Berlette. Leur disparition est d'ailleurs inévitable, à une époque encore lointaine il est vrai, dans un pays où la culture prend de plus en plus d'extension.

Mais, en attendant, le ménager défend jalousement les communaux, car ils constituent pour lui, un véritable domaine et demeurent une des conditions de son existence.

Le ménager qui, par son travail, s'est quelque peu mis à l'aise, n'a qu'un désir : être son propre maître, devenir fermier. Le métayage ne se pratique pas dans la contrée car l'instinct de la propriété est trop développé chez le paysan. Plutôt que d'obéir à un maître, il préfère s'établir à ses risques et périls et exercer chez lui une autorité sans contrôle.

Pour arrondir son domaine, il n'a guère qu'une ressource (hormis le cas d'acquisition dans une vente), la location de quelques terres : il lui faut pour cela s'adresser à un propriétaire non résident et de contracter un bail.

(1 et 2) Questionnaires de MM. BAUDREY [1] et BOURDON [2].

Celui-ci dure généralement neuf années. Point de faculté triennale de résiliation : le locataire n'amenderait pas un bien qu'il saurait ne pas devoir garder longtemps, et le propriétaire ne le retrouverait que fortement appauvri en fin de compte. Les baux des cantons du Parcq et d'Heuchin sont souvent à plus long terme : on les passe volontiers pour dix-huit ans, ce qui a l'avantage de laisser à l'occupant une certaine latitude pour la création des prairies.

La Guerre a contribué pour une bonne part à enrichir les petits et moyens exploitants. Chez eux, l'organisation du travail est essentiellement familiale : la femme et les enfants sont les vrais ouvriers de la maison. Le fils, dès la treizième année, prend le fouet, conduit les chevaux, est promptement rompu à la rude vie des champs. Les filles, sous la surveillance de la mère, vaquent aux occupations du ménage et de la basse-cour, s'acquittent des soins à donner aux porcs et de la traite des vaches. Aussi le départ de l'homme ne suspendit-il point la marche de l'exploitation. L'effort de la famille se fit plus opiniâtre : on vécut le plus possible sur l'armée, et les allocations furent mises de côté. Et comme le loyer demeurait fixé au taux du bail d'avant-guerre tandis que les produits du sol prenaient une valeur sans précédent, les économies s'accumulèrent. On loua des champs plus nombreux, on acheta certaines parcelles. Au lendemain de la démobilisation, la hausse se poursuivit. En 1920, elle s'accentua encore. On vit alors des fermiers — quelque fois des veuves — gagner en l'espace de deux ans, ou même d'un an, assez d'argent pour acheter la ferme elle-même. Aussi, beaucoup de ménagers sont-ils parvenus à acquérir un ensemble de terres assez considérable pour leur permettre l'indépendance complète. Ils ont maintenant 12 à 20 hectares et 2 ou 3 chevaux. Mais leur ambition n'est jamais satisfaite : ils essaient encore de s'agrandir, assistent aux adjudications publiques, discutent avec âpreté dans les négociations amiables, et n'hésitent pas à revenir parfois sur leur parole ou sur leurs offres pour arracher au vendeur une concession nouvelle. Mais leur développement est limité par la concurrence qu'ils se font entre eux, la résistance des gros propriétaires, et le défaut des terres disponibles qui s'ensuit. Ils forment une classe qui augmente sans cesse d'importance par le bas : on y entre assez facilement, — mais on n'en sort que très rarement.

Gros propriétaires et gros exploitants. — L'accès à la grosse propriété — ou à la grosse exploitation, car « grosse exploitation » tend de plus en plus à devenir synonyme de « grosse propriété » dans notre région — est en effet malaisé : le plus souvent, les grosses fermes se transmettent de père en fils, ou sont vendues en bloc.

Certains domaines, attestent la puissance qu'eut jadis la domination seigneuriale en ces contrées. Tel représentant de la noblesse d'ancien régime possède 190 des 222 hectares qui composent le terroir de sa commune. Pour les 9/10, les maisons lui appartiennent. Il est maire de la localité et personne n'oserait résister à sa double autorité de châtelain et de premier magistrat. Nul ne peut se flatter d'échapper à son influence : les habitants aisés deviennent ses fermiers, et les autres sont les ouvriers agricoles de ceux-ci. Sans doute, c'est là un cas exceptionnel. Presque tous les anciens châteaux de la région de Saint-Pol ont aujourd'hui perdu leur ceinture de fermes et de terres, et par là même toute leur importance au point de vue foncier. Mais un phénomène de même ordre que celui que nous venons de noter se reproduit autour des grosses exploitations : la vie de la commune ou du hameau devient pour ainsi dire fonction de celle de la ferme, — surtout si l'exploitant est en même temps propriétaire, comme il arrive généralement. Les cultivateurs de moindre importance ont les yeux fixés sur elle et imitent ses procédés. C'est son exemple qui, de proche en proche, triomphe de la défiance du paysan et répand dans la campagne environnante l'usage des machines agricoles et la pratique des engrais chimiques. Les ménagers y vont un peu comme à l'usine : au bout d'un certain temps, la jouissance d'un lopin de terre leur est cédée, mais la location en est annuelle et purement verbale, si bien qu'en cas de manquement de la part du ménager, le champ peut immédiatement revenir à son propriétaire. Ainsi, les gros fermiers possèdent de véritables « clientèles » dont ils assurent plus ou moins la subsistance, et jouent le rôle d'agent de diffusion des méthodes modernes d'exploitation agricole.

On s'accorde habituellement à qualifier de « grosses exploitations » celles qui comportent au moins une quarantaine d'hectares. Par toute la région — surtout aux abords de Saint-Pol, à cause de la « bonté » des terres et de la facilité des communications — les établissements agricoles de cette importance ne sont pas rares. Certains mêmes approchent ou atteignent une centaine d'hectares : il y a lieu de citer les fermes de MM. Therny (« La Têtuse »), à Gauchin-Verloingt avec 100 ha., de Wazières, à Foufflin-Ricametz, avec 80 ha., Amédée Petit, à Toufflin-Ricametz, de Bonnières, à Herlin-le-Sec, Penel, à Sains-les-Hautecloque, Harduin, à Bonnières, Mme Vandal, à Rocourt-Saint-Laurent, les fermes de Croisette, de l'Abbaye de Bryas, etc.

La situation de la grosse exploitation par rapport à la moyenne et à la petite, est variable selon les localités. Quelques chiffres en donneront une idée. A Savy-Berlette [1], 5 grosses cultures (y compris celle de la sucrerie coopérative) accaparent 300 ha., ce qui porte au chiffre fort respectable de 60 ha. l'étendue moyenne de chacune d'elles. Les moyens-exploitants, au nombre de 38 — en partie propriétaires — occupent 380 ha. (10 ha. par tête en moyenne). Enfin, la petite exploitation n'est représentée que par 71 ha., que se partagent 260 ménagers (36 ares de moyenne par individu). A Valhuon [2] les proportions sont inverses : c'est la petite culture qui l'emporte, avec 400 ha. contre 300 donnés à la moyenne et 100 seulement à la grande.

(1 et 2) Questionnaires de MM. Théry (1), Loir (2).

Il est à peine besoin de souligner le morcellement de l'exploitation — comme d'ailleurs de la propriété — que ces chiffres traduisent. A tous les degrés, le morcellement parcellaire est la règle. Très rares sont les exploitations ou les propriétés d'un seul tenant : partout propriétés et exploitations se dispersent en nombreuses et quelquefois minuscules parcelles aux quatre coins du terroir de la commune, voire des communes limitrophes (¹), de telle sorte qu'il suffit de parcourir en été 2 ou 3 km. dans la campagne pour être pleinement renseigné sur toutes les espèces de plantes que le paysan cultive. Mais ce n'est pas ici le lieu de traiter en détail cette question du morcellement parcellaire de la propriété et de l'exploitation, qui n'est d'ailleurs aucunement spéciale à notre région (²).

Dans l'ensemble, la région de Saint-Pol devient chaque jour davantage un pays de propriétaires et de « faire-valoir direct ». Le sol attire la convoitise de ceux qui le travaillent. S'affranchir du salariat, devenir son maître en cultivant ses propres champs, tel est le rêve du paysan. D'ouvrier agricole, il devient ménager. Ménager, il aspire au rang envié de fermier — et chaque lopin de terre nouvellement acquis augmente ses ambitions. Là est le secret de cette évolution qui, depuis une dizaine d'années, a si considérablement accru le nombre des petits et des moyens propriétaires et qui, à la faveur des récents événements, a pris un certain caractère de rapidité propre à surprendre l'observateur superficiel (³). Par une contre-partie logique de

---

(¹) Cf. page 251.

(²) On sait que le morcellement parcellaire tient à des causes multiples : la division des successions, les conditions de vente et d'achat de la terre, certains besoins culturaux, etc. S'il offre parfois quelques avantages, il est incontestable qu'aujourd'hui, il n'est pas sans gêner les nouveaux instruments agricoles, comme la moissonneuse ; de plus, les pertes de temps qu'il entraîne en multiples allées et venues, à un moment où la main-d'œuvre est non seulement coûteuse mais rare, ne vont pas sans de sérieux inconvénients pour l'agriculteur.

(³) On a vu que cet accroissement s'est fait aux dépens des forains. Nombreuses au lendemain de l'Armistice, les ventes sont devenues plus rares. La demande a certainement dépassé l'offre et une forte hausse des prix s'est manifestée. Un hectare de terre à labour, aujourd'hui, vaut couramment 7.000 francs à Savy-Berlette, 4.000 au Parcq. Ce ne sont là que des indications : naturellement, les prix sont très variables et inégaux, mais d'une façon générale, on peut estimer qu'ils ont à peu près doublé depuis la Guerre. La cherté de la terre suppose un grand nombre de cultivateurs qui s'enrichissent par elle : c'est évidemment le cas pour notre région. Cet indice d'aisance est encore souligné par cette constatation que le Crédit Agricole a vu l'importance de ses opérations se réduire sensiblement depuis la guerre. Fondé pour venir en aide aux ménagers, désireux de s'agrandir, par des prêts à long terme et à faible taux, il sert surtout actuellement à favoriser l'établissement des mutilés sans fortune, que séduit le travail de la terre.

cet extension des classes possédantes, la classe de journaliers, riche de ses seuls bras — jadis l'élément vital du village — a subi une importante réduction. Mais d'autres facteurs, entraînant d'autres conséquences, entrent ici en jeu, et un développement spécial nous paraît nécessaire.

L'EXODE RURAL
ET LE PROBLÈME DE LA MAIN-D'ŒUVRE

De même que les modes de groupement des habitants [1], les lois qui président à leur distribution à la surface du sol et les particularités mêmes de cette distribution ont fait l'objet de remarquables observations de la part de M. Albert Demangeon. En ce qui concerne les faits de répartition proprement dite, de densité, etc. les questions offrent à peu près les mêmes aspects qu'à l'époque où écrivait ce savant auteur. En revanche, au point de vue des mouvements de la population, des modifications se sont produites qui trouvent leur expression géographique la plus frappante dans l'intensification de certains courants d'émigration.

La dépopulation. — Ses causes : L'émigration des journaliers. — Un des grands facteurs de la transformation de l'économie rurale de la région de Saint-Pol, est la raréfaction de la main-d'œuvre. On la trouve à la base de toutes les questions agricoles. Si nous en avons jusqu'à maintenant constaté la puissante influence, il y a lieu maintenant d'en rechercher les causes lointaines et immédiates et de montrer dans quelle mesure les cultivateurs sont parvenus à y remédier.

Cette question de la main-d'œuvre fait éprouver, actuellement, aux agriculteurs, une véritable angoisse. Elle est peu à peu passée au premier plan de leurs préoccupations. C'est un problème dont la solution offre toujours de redoutables difficultés et parfois même tend à s'affirmer comme impossible.

Celui qui, après dix ans d'absence, revient visiter son village natal, s'étonne en constatant de notables changements : nombreuses sont en effet les habitations qui n'existent plus par suite du décès de leurs propriétaires et du manque d'acquéreur. Il ne se passe guère d'année où, dans les communes éloignées de toute communication, l'on ne voie quelque vieille maison s'effondrer. Il y a là un signe évident de la diminution de la population : la chute de chaque maison symbolise en effet la disparition d'une famille. La corrélation qui existe incontestablement entre ces deux phénomènes est suffisamment établie par l'exemple de Boubers-sur-Canche [1] qui, en quarante ans, a pu constater la ruine d'une cinquantaine de ses maisons et une réduction importante du nombre de ses habitants, passé de 900 à 654. Fillièvres [2],

---

(1 et 2) Questionnaires de MM. CARBONNIER [1], BAUDREY [2].

également dans la vallée de la Canche, assiste à une descente rapide et régulière du chiffre de sa population : de 845 âmes en 1980, il tombe à 730 au début du siècle, à 672 à la veille de la guerre, à 600 à l'époque du dernier recensement. Sur les plateaux, le fléchissement n'est pas moins moindre. Entre la Canche et l'Authie, Vacqueriette, Erquières, Vacquerie-le-Boucq, donnent des signes caractéristiques d'affaiblissement. Au Nord de la Canche, Humières s'étiole. Plus à l'Est, Moncheaux ne possède plus que 190 de ses 225 habitants de 1880. A la même date, Sus-Saint-Léger en comptait 610 : il n'en possède plus que 527. Ce sont là des témoignages irrécusables d'un phénomène de dépopulation qui sévit surtout en dehors du parcours des voies de communication (1).

Il est certain que ce phénomène tient à des causes multiples. Il faut faire la part des vides que la Guerre a creusés dans le peuple des campagnes et qui ont enlevé ses bras les plus robustes à l'agriculture. Il n'est pas rare de voir inscrits sur le monument aux morts que chaque village a tenu à honneur d'élever à la gloire de ses enfants, les noms de deux ou trois dizaines de jeunes hommes emportés par la tourmente. Mais cette cause, d'ordre catastrophique, n'a fait qu'aggraver un mal préexistant. Dans la région de Saint-Pol comme dans la plupart des provinces françaises, le mouvement de régression de la population que l'on constate depuis le début du dix-neuvième siècle, tient d'abord à l'abaissement de la natalité villageoise. Quelques chiffres en montreront l'importance. Savy-Berlette (2) avant la guerre n'accusait souvent annuellement que 2 ou 3 mariages pour 675 habitants et une douzaine de naissances pour une vingtaine de décès. En 1921, Blangy-sur-Ternoise (3) n'a enregistré qu'un total de 18 naissances pour 19 décès, et l'année 1922 ne semble pas devoir être plus heureuse, son premier trimestre n'ayant produit que 7 naissances contre 12 décès. Si dans ces conditions, la population ne diminue pas, il est bien évident qu'il faut voir là, l'influence de l'immigration (842 habitants en 1880 — 850 en 1922). A la vérité une seule classe demeure quelque peu active au point de vue de la natalité : celle des petits et même moyens exploitants que presse la nécessité de la main-d'œuvre. Le petit fermier, propriétaire de quelques champs, locataire de quelques autres, dont les deux ou trois chevaux suffisent pour les travaux d'une exploitation d'une douzaine d'hectares, n'a pas les moyens financiers nécessaires pour enrôler des journaliers. Le travail de la ferme devenant familial, il aura intérêt à avoir une nombreuse famille : filles et garçons serviront dans l'intérêt commun (4).

---

(1) Le long des voies ferrées ou à proximité des mines, on note quelques exceptions (Valhuon, Bajus, etc.).

(2 et 3) Questionnaires de MM. Théry (1), Bourdox (2).

(4) Voir page 253.

Mais avec l'aisance, on voit le cercle des ambitions s'élargir. Le gros cultivateur est effrayé par la perspective du partage possible entre ses enfants d'un bien qu'il a reçu de ses parents, des domaines qu'il a contribué à embellir et à arrondir. Aussi n'aura-t-il que peu d'enfants. Très souvent lorsque sur deux enfants, il possède une fille, elle est l'aînée. Les fils uniques ne sont pas rares : ils suffisent pour continuer à diriger la ferme. Lorsqu'il existe par hasard plusieurs fils, le père fait instruire certains d'entre eux : ils prennent une situation à la ville et sont perdus pour la culture.

Appauvrie par le haut, la population rurale est enfin ruinée à la base par l'émigration des journaliers.

Il convient de s'arrêter un instant sur ce fait capital. L'exode rural revêt ici une intensité exceptionnelle. Il est incontestable que nos campagnes obéissent, sous ce rapport, à des conditions particulières que révèle l'examen de leur position géographique : la proximité du bassin houiller et de la région industrielle lilloise donne toute sa valeur à ce double foyer d'attraction de main-d'œuvre.

Il y a une soixantaine d'années, il était relativement aisé pour l'ouvrier agricole de gagner sa vie. Les machines n'existaient pas : tous les travaux des champs et de la ferme se faisaient à la main. Le cours des saisons ramenait des occupations nombreuses et variées. Au sortir de l'hiver, il fallait semer le lin et rouler les blés. Le sarclage des textiles et des oléagineux, qui florissaient alors en nos régions était très long et il fallait le recommencer plusieurs fois. Le blé échardonné, on se mettait à récolter le lin.

Défrayé de sa nourriture et de sa boisson, le journalier rapportait à la maison un gain appréciable qu'il pouvait augmenter à volonté en se louant à la tâche : plus sa dextérité était grande, plus vite il était libre. S'il était jeune et vigoureux, il pouvait alors, de son pas allongé, aller, la faux sur l'épaule, vers les larges champs de blé beaucerons d'où il revenait, le gousset bien garni, assez tôt pour participer aux travaux de la moisson. Il pouvait attendre avec confiance les temps plus durs de l'hiver : il avait des économies et d'ailleurs sa grange n'était-elle pas pleine des gerbes gagnées (1) au mois d'août ?

Les labours effectués et le blé semé, le journalier s'adonnait à des travaux variés. Il allait dans les bois faire sa provision de fagots et de bûches ; parfois même, il se faisait bûcheron ou scieur de long. Il pouvait encore battre les récoltes de l'année et le village retentissait du bruit cadensé du fléau.

Les veillées d'hiver étaient bien remplies. On s'assemblait autour de la lampe et pendant de longues heures, tout en bavardant, les hommes teillaient

---

(1) On payait autrefois le moissonneur en nature, à raison de 3 à 5 bottes de blé par centaine de bottes récoltées, ce qui expliquait la nécessité d'une grange, même pour celui qui ne possédait pas de champ.

le lin, les femmes filaient au rouet et même dans de nombreux villages du canton du Parcq et d'Auxi-le-Château, faisaient des bas au métier, qu'elles vendaient à la ville voisine. C'était un profit nouveau qui venait s'ajouter à ceux de l'année.

Mais bientôt l'extraction de la houille prit une extension inattendue et la grande industrie naquit. L'industrie mécanique, productrice de bas à bon marché, fit péricliter la petite industrie à domicile. En même temps, le lin, mal roui à la rosée, ne put résister à la concurrence des filasses russes. Dès lors, l'hiver devint véritablement une morte-saison et réserva de durs moments à l'ouvrier agricole. Puis vinrent les machines nouvelles que les agriculteurs employèrent aussitôt qu'ils le purent. Tant qu'elles visèrent seulement à suppléer aux bras manquants dans les champs, ce ne fut que demi-mal : ce n'était pas d'ailleurs l'été qui inquiétait le journalier, mais l'hiver. Sa situation devait promptement empirer lorsque les entrepreneurs de battages parcoururent les campagnes, battant la récolte en quelques jours.

Aussi longtemps que le journalier n'a su ni lire, ni écrire, il est resté l'homme de son village. Sa maison lui semblait le centre du monde et ses désirs n'allaient pas au delà de la satisfaction de ses besoins les plus immédiats. Mais peu à peu l'instruction s'est répandue dans les campagnes. Avec l'obligation du service militaire, introduite en 1889, le paysan est entré en contact, à la caserne, avec des ouvriers vantant leur métier, leur paye élevée et les douceurs qu'offre la ville. Il est sorti de son apathie. Il a compris qu'ailleurs la vie était plus facile à gagner, plus douce à écouler. Maintes fois, pendant la mauvaise saison, le journalier a regardé dans la direction de l'usine voisine. La comparaison qu'il a établie entre la rude vie qu'il est appelé à mener dans son village avec celle, plus vivante et plus amusante qu'il pourrait avoir à la ville, n'a pas été à l'avantage de la première.

Un beau jour il se décide à prendre rang parmi le personnel industriel.

Il cède à l'attraction de l'usine, à l'espoir d'une existence mieux rétribuée et, lui semble-t-il, plus indépendante qu'à la campagne.

Il est bien décidé d'ailleurs à revenir aux champs, ses huit heures terminées, au temps de la moisson, de façon à doubler son gain : effectivement, on voit beaucoup d'ouvriers s'occuper de leur lopin de terre le dimanche ou chaque soir de la semaine. Mais la mentalité ne tarde pas à changer. Il en vient à démontrer à ses anciens compagnons de ferme combien sa situation est plus enviable que la leur : il met son point d'honneur à faire voir que son seul travail de l'usine lui fournit largement de quoi vivre. L'effet est funeste pour la culture. Tous les agriculteurs se plaignent de cet état de choses.

On ne fait d'ailleurs rien pour retenir l'ouvrier aux champs. Il ne dispose pas d'une caisse de secours en cas de maladie ou de chômage. Il n'a même pas de logement assez vaste pour ses enfants. Aussi ne faut-il pas s'étonner, si dans de nombreux villages, l'ouvrier agricole n'existe plus qu'à l'état de souvenir, au grand désavantage des exploitations de grande envergure : il a émigré, soucieux de fuir une terre ingrate et un métier qui ne nourrit plus son homme, ou en demeurant, s'est enrichi et établi à son compte. Vacquerie-le-Boucq ne possède plus un seul journalier. Sains-les-Pernes vit de son propre travail et ses habitants ne sont plus à la dévotion des cultivateurs de Tangry (1).

Toutes ces causes, loin d'agir séparément, sont solidaires : elles lient leurs effets par le jeu de leurs réactions naturelles, ce qui ne laisse pas que de rendre l'étude de la question extrêmement complexe.

Les courants d'émigration. — C'est pour les mines que la grande majorité des journaliers délaisse les champs. Général en France, l'exode rural se trouve grandement facilité dans la région de Saint-Pol par la présence toute voisine du premier de nos bassins houillers. Les Compagnies minières n'ont rien négligé pour le canaliser à leur profit : non seulement elles ont organisé dans les campagnes le recrutement de leur personnel, mais elles ont créé des trains de mineurs qui vont chercher le matin et ramènent le soir, les hommes des villages les plus lointains.

Déjà en 1894, un train spécial avait été établi sur la ligne Béthune-Saint-Pol. En 1910 on prolongea son trajet jusqu'à Frévent et Auxi-le-Château. Enfin, très peu de temps avant la guerre, en 1912, on en organisa un autre destiné à drainer les villages de la vallée de la Ternoise. Ce fut un coup terrible pour l'agriculture : comment l'ouvrier agricole n'aurait-il pas cédé à la tentation de gagner de bonnes journées au loin tout en ayant la possibilité de revenir chaque soir coucher sous son toit ? Avec un gain plus considérable, il peut vivre très largement, grâce à son jardin et au bon marché relatif de la vie paysanne. Il s'est même produit un phénomène assez curieux : on a vu s'établir en certains villages, limitrophes du bassin houiller, de nombreux mineurs, étrangers au pays, avides de pouvoir respirer un peu d'air pur après les longues journées de travail souterrain et de réaliser par le jardinage d'appréciables économies. Mais promptement, à Pernes, à Sachin, à Sains-les-Pernes le taux des loyers a sensiblement augmenté et les villages se trouvant trop étroits pour loger ces nouveaux habitants, il a fallu construire de nouveaux immeubles. La présence d'un si grand nombre d'ouvriers, aux gains élevés a fait augmenter le prix de la vie dans ces régions assez fortement : une pension ouvrière coûte mensuellement 100 francs de plus à Pernes qu'à Saint-Pol et la « bistouille » (2) de dix à douze sous au lieu de

---

(1) Un certain nombre d'ouvriers agricoles en effet est resté au village. Maints d'entre eux ont spéculé sur l'ennui que le manque de main-d'œuvre procurait au gros fermier, pour se faire donner par lui la jouissance d'un lopin de terre moyennant certains services annuels fixés d'avance. Souvent, ils réussissaient même à contracter ainsi un bail en bonne et due forme. Après quelques années, en jouant le même rôle auprès d'autres gros fermiers, l'ouvrier agricole est devenu un ménager qui, ayant ses occupations personnelles, donne de moins en moins de son temps à son ancien patron.

(2) Mélange de café et d'alcool.

huit, tarif courant dans les villages plus éloignés. Les mineurs contribuent pour une large part à l'enrichissement du pays.

Il est malheureusement certain que ceux qui viennent de très loin se lasseront à la longue d'effectuer chaque jour, dès quatre heures du matin, hiver comme été, un voyage que des conditions forcément déplorables rendent très fatigant. Dès que la reconstruction et l'agrandissement des « corons » insuffisants à l'heure actuelle seront choses faites, nombreux seront les ouvriers qui viendront se fixer à proximité de leur travail. Leur départ du village sera d'ailleurs facilité par la perspective de trouver à l'arrivée une « habitation à bon marché », éclairée à l'électricité ou au gaz, munie de robinets à eau et agrémentée d'un petit jardin. Les conditions de leur vie nouvelle seront même plus douces que celles de leur existence antérieure.

C'est l'immigration qui alimente les industries de la vallée de la Ternoise, de Pernes, de Frévent. Les usines ont vu leur rayon d'attraction doublé et même triplé par la multiplication dans les campagnes des possesseurs de bicyclettes. Autrefois, dix kilomètres de distance entre son foyer et l'usine effrayaient l'ouvrier piéton. Les franchir n'est plus actuellement, grâce à ce moyen pratique de locomotion, qu'un jeu d'enfant.

La création, puis la formidable extension des voies ferrées ont exercé une influence considérable sur l'intensité de ce courant d'émigration des énergies. Lignes et gares se sont multipliées. Le trafic, en s'intensifiant, a réclamé un supplément de personnel. Telle gare qui n'avait primitivement pour la desservir que trois employés, en contient actuellement sept ou huit. De tous temps le chemin de fer a eu la vogue dans les milieux agricoles à cause de la facilité de la besogne qu'il fournit, des garanties qu'il donne à l'employé, de la retraite qu'il lui octroie pour la vieillesse. Aussi constitue-t-il un centre d'appel des plus énergiques. Depuis cinquante ans environ, les villages voisins des lignes n'ont cessé de lui procurer un contingent de plus en plus nombreux d'hommes, au détriment de leurs cultures.

Les effets de l'émigration : La raréfaction de la main-d'œuvre et ses conséquences. — Lorsque l'émigration des ouvriers agricoles, consécutive à la disparition du lin dans nos contrées, eût raréfié la main-d'œuvre disponible au point de mettre en danger les récoltes de l'année, pour accomplir malgré tout les travaux indispensables, les fermiers n'eurent qu'une ressource : remplacer l'homme par l'homme, suppléer au manque de bras local par un apport de bras étrangers. Grâce à leur carrure solide, à leur force tranquille qui leur permet d'effectuer de très longues journées sans trop de fatigue, à la modestie de leurs exigences, les Belges furent demandés en masse dans la région, car on les préférait souvent aux journaliers, moins attachés à leur besogne et bavards davantage. Ils arrivaient en troupe dès le début de juillet pour la récolte des blés. Mais bientôt le machinisme se développa dans les campagnes et suffit à faire la moisson. Le nombre des étrangers diminua au fur et à mesure que celui des moissonneuses s'accrut. Cependant il fut loin de tomber à zéro, car, en même temps, la betterave sucrière était entrée dans l'assolement elle réclamait des soins nombreux, des sarclages répétés. Les Belges en furent chargés. Leur travail changea ainsi d'objet, mais resta nécessaire.

Toutefois, la situation serait devenue impossible, si comme autrefois, tous les travaux des champs s'effectuaient à la main. Le manque de bras a été en grande partie la cause de l'industrialisation, si prononcée à l'heure actuelle, de la culture. La ferme est devenue une usine véritable où la plus grande quantité de la besogne est fournie par les machines agricoles, dont le succès a toujours été grandissant dans le pays. Acheter une machine, c'était pour le cultivateur opérer un bon placement. L'économie de la dépense de main-d'œuvre qu'il réalisait de ce fait compensait rapidement les débours consentis. Naturellement, le fermier, tenta dès le début, d'en intensifier l'usage dans son exploitation, au *prorata* de ses moyens et de ses besoins.

Il découragea souvent ainsi l'ouvrier agricole, qui voyant le règne de la machine arrivé, alla chercher ailleurs une subsistance que la culture lui refusait. Ces deux phénomènes ont exercé leurs réactions l'un sur l'autre et le moins que l'on puisse dire à ce sujet, c'est que le développement du machinisme a donné une plus grande intensité à un courant d'émigration qui d'ailleurs était par avance, et pour des causes que nous avons déjà déterminées, assez important. Rapidement les Belges se seraient éloignés de nos villages, si la betterave sucrière n'était pas entrée dans l'assolement. Leur faux vers 1900 cesse d'être nécessaire. La faucheuse mécanique la remplaçait avantageusement : elle réduisit le personnel ordinaire des moissons. Quelques femmes pour mettre le blé coupé en bottes, quelques hommes pour lier celles-ci et en faire des chars ou des meules étaient amplement suffisants et facilement fournis par le village. Les progrès de la faucheuse ont été rapides : dès 1890 on en voit apparaître dans les villages atteints par l'émigration ; au Nord ou en voit deux à Valhuon (¹), autant à Tangry (²). Diéval (³) en possède une. Les vallées de la Ternoise et de la Canche, les grosses exploitations des environs de Saint-Pol l'adoptent également. Sa diffusion s'opère surtout entre 1890 et 1900. A cette dernière époque chaque village en est muni, et maintenant il n'est aucun exploitant de quelque importance qui n'en possède une.

Il est est juste d'ajouter que les faucheuses n'ont plus guère d'emploi pendant la période de la moisson ; elles servent surtout à la coupe des prairies artificielles. Pour les blés, elles sont remplacées par les moissonneuses-lieuses. plus commodes avec lesquelles, si besoin était, le fermier pourrait faire toute sa besogne. avec seulement l'aide de deux ou trois femmes employées à la

---

(1 à 3) Questionnaires de **MM**. Loir (¹), de la Cressonnière (²), Forilly (3).

confection des « moyettes. » Ainsi, la machine a non seulement permis une économie appréciable de la main-d'œuvre autrefois nécessaire, mais encore abrégé dans de fortes proportions une opération qui absorbait auparavant un mois entier.

En quelques jours de beau temps, la moisson est chose faite, et la pluie vient ainsi plus rarement mouiller les blés coupés, grâce à la rapidité des travaux. La moissonneuse-lieuse offre une perfection de travail vraiment merveilleuse, attestée d'une manière irréfutable par les plaintes amères des quelques glâneuses qui s'obstinent à vouloir perdre leur temps dans la confection de quelques rares et maigres bouquets d'épis.

C'est entre 1905 et 1910 que cette machine est apparue dans l'outillage villageois. On en constate cependant l'existence dès 1900 dans quelques exploitations, à Herlin-le-Sec [1], Sains-les-Hautecloque [2], Blangy [3], Gauchin [4] et Savy-Berlette [5]. En vingt ans son emploi s'est généralisé. A Diéval [6] il a été prodigieusement rapide : en 1900, on n'en trouvait qu'un exemplaire dans tout le village ; en 1910, on en voyait déjà 10 ; actuellement on en compte 20. Boubers [7] en possède 12, Valhuon [8] 20, Humières [9] 10.

Les très grosses exploitations, comme celle de la « Têtuse » à Gauchin-Verloingt, possèdent des tracteurs, qui peuvent fournir un travail sans arrêt et en trois jours effectuer la coupe complète d'immenses espaces de blé et d'avoine, évaluables à 40 hectares.

Les besoins du commerce, les craintes toujours réalisables d'une germination des grains engrangés, surtout lorsqu'il a plu pendant la moisson, le désir de diminuer la quantité des meules qui ne se trouvent pas sous la surveillance immédiate du maître, le souci de s'épargner les frais de multiples journées d'ouvriers batteurs au fléau, ont engagé le cultivateur à répondre favorablement aux demandes des premiers entrepreneurs de battages. En deux ou trois journées, le blé était battu et la paille pouvait servir immédiatement. Les batteuses ont connu le même succès que les moissonneuses. Elles faisaient réaliser une telle économie de temps et d'argent que leur acquisition prenait le caractère d'une nécessité. Il n'est guère d'exploitation de quelque figure qui se puisse dispenser d'avoir la sienne. Certaines cependant, comme celle de M. Maillet, à Tangry, préfèrent voir venir chaque année s'installer à la ferme l'entrepreneur et sa batteuse. Celle-ci est toujours à plan incliné dans le Sud et l'Ouest de la région de Saint-Pol. Déjà le Nord abandonne ce dispositif pour adopter des modèles plus modernes à moteur électrique. Cette transformation du matériel sera ultérieurement opérée dans des communes plus nombreuses, lorsque le réseau des câbles électriques aura reçu une plus grande extension.

(1 à 9) Questionnaires de **MM.** Lemaigre [1], Mouray [2], Bourdon [3], Therny [4], Théry [5], Forilly [6], Carbonnier [7], Loin [8], Mme Lesot [9].

Tous ou presque tous les travaux des champs se font ainsi à la machine. On ne sème plus à la volée : ce procédé donnait une répartition défectueuse des semences, procurait une perte appréciable des grains semés, et demandait un temps trop considérables. Les semoirs mécaniques ont supprimé ces inconvénients.

Épandre 500 kilos d'engrais par « mesure » n'est pas une mince besogne. Aussi le journalier ne pouvait-il couvrir journellement qu'un hectare. Les semoirs à engrais peuvent épandre, d'une façon régulière, des engrais sur huit mesures environ.

Les foins eux-mêmes n'ont pas été oubliés. Le râteau-fane, permet de les retourner et de les « ramasser » mécaniquement.

L'intérieur de la ferme n'est pas moins intéressant que son hangar à outils. Partout, on trouve des traces de la préoccupation constante du cultivateur d'économiser des bras. C'est ici un monte-charge, là un moulin à mouture ou une machine à couper les betteraves, plus loin un aplatisseur d'avoine qui facilite la digestion des chevaux, ailleurs encore un ensacheur qui économise un homme sur deux [1].

Mais le constructeur a beau multiplier et perfectionner sans cesse les instruments agricoles, le cultivateur aura toujours besoin d'un certain chiffre de journaliers, de garçons de cour. Sans parler de la conduite qu'exigent semoirs, faucheuses, charrues, herses, etc... on peut considérer que le service intérieur de la ferme accapare une certaine quantité de main-d'œuvre, dont il ne peut être question de se passer. Or, il se trouvait qu'au lendemain de la Guerre, le personnel était devenu extrêmement rare, de, par l'émigration des uns, l'enrichissement de quelques autres, et la disparition d'un grand nombre ; le fermier voyait avec désespoir sa ferme elle-même délaissée des servantes et des garçons de cour. Les nécessités se sont accrues avec le temps : l'immigration temporaire n'est pas suffisante pour remédier efficacement à un tel état de choses. Les Belges semblent d'ailleurs s'être détournés de notre contrée soit que le travail ne leur paraisse pas offrir un intérêt assez grand, soit qu'ils aient trouvé dans le Nord une besogne aussi importante et offrant l'avantage d'être moins éloignée de chez eux. Ce que le cultivateur désire actuellement, c'est un personnel à éléments fixes, stables, sur lequel il puisse compter pour chacun des travaux en cours, quand le besoin s'en fait sentir.

---

[1] Il n'est même pas inutile, dans certains cas, comme celui d'une nombreuse famille, de trouver un moyen pratique pour nettoyer rapidement les nombreuses chaussures de la maison. M. de Wazières, à Foufflin-Ricametz, a installé des brosses mues mécaniquement qui font économiser plus d'une heure chaque jour à la servante préposée à ce service

Il comprend qu'un petit nombre de domestiques bien payés et sérieux peut mener à bien les travaux de l'exploitation.

Les exigences se sont évidemment élevées avec le coût de la vie. Il ne peut être question pour l'agriculteur de ne pas nourrir son ouvrier, il lui faudrait débourser 300 ou 400 francs par mois et par tête. La nourriture de son personnel lui coûtera toujours moins cher. Depuis la Guerre, tous les journaliers prennent leurs repas dans la ferme. Dans les mêmes conditions, ils recevaient il y a vingt ans, au Parcq, moins de 30 francs par mois. En 1914, ils réclamaient 50 francs environ. Le tarif moyen est de 150 francs actuellement, il y a donc une progression énorme des prix, qui pour n'être pas excessive, étant donné le coût élevé de la vie, n'en grève pas moins fort lourdement le budget du fermier. Partout, à Savy-Berlette, à Hermaville, au Souich, la valeur des grains varie entre 120, 150 et 200 francs (2.200 francs annuellement à Vacqueriette).

Le malheur est qu'avec des prix relativement aussi élevés, la qualité du travail fourni est médiocre. La plupart des ouvriers agricoles encore existants sont buveurs, l'auberge les attire davantage que les champs. La race des vieux serviteurs, élevés dans la ferme, blanchis en peinant sur les mêmes champs, et considérés en raison de leur dévouement comme des membres de la famille, s'épuise et disparaît peu à peu. Le journalier ne s'attache pas, il ne fait que passer. Il lui faut ses aises et sait les prendre à l'occasion : le dimanche, il se repose et ses patrons doivent faire la besogne. Il réclame de la bière au repas et le café traditionnel. Il n'a plus aucune spécialisation : il n'est jamais berger ni garçon de cour. Aussi les cultivateurs ont-ils dû rechercher, outre les ménagers qu'ils pouvaient s'attacher en leur « prêtant » la jouissance d'un lopin de terre contre certains services, les éléments d'un personnel fixe et assuré.

Ils se sont trouvés aidés dans cette recherche — d'une manière d'ailleurs assez inattendue — par une circonstance née des événements que nous venons de traverser.

La Pologne ressuscitée constituait un réservoir d'hommes qui ne demandaient, pour échapper à la misère provenant de cinq années de Guerre et d'invasion, qu'à se transformer en émigrants. A la suite d'accords passés entre les Gouvernements de France et de Pologne, les facilités les plus grandes ont été données aux agriculteurs français pour le recrutement de la main-d'œuvre qui leur faisait défaut en France.

Il s'est constitué à cet effet un Comité qui a pour mission de centraliser toutes les demandes de personnel polonais faites par les fermiers de la région. Il les envoie en bloc à un agriculteur français établi près de Varsovie qui s'est chargé de procurer tous les ouvriers nécessaires. Il lui est loisible.

grâce à sa connaissance du pays, de se procurer des gens sérieux et sur lesquels il peut compter. Le fermier paie actuellement (printemps 1922) 270 francs par tête pour les frais de voyage, de Pologne en France, et doit en outre établir en triple un contrat en règle dont il donne un exemplaire au Gouvernement français, un autre à son employé, le troisième lui étant réservé.

Les cultivateurs qui ont eu recours à ce procédé ne le regrettent pas. Les Polonais sont très satisfaits des égards que l'on a pour eux, de la vie qu'ils mènent. Certains même se sont établis à demeure dans le pays, après avoir pris femme. C'est un élément de repopulation qui peut devenir important et qui d'ores et déjà n'est pas négligeable. C'est M. Le Gentil, d'Estruval, qui a donné le signal de ce nouveau mouvement. Il sera sans doute imité prochainement par d'autres agriculteurs de la région. Dans les grosses exploitations agricoles de l'Est on en rencontre toujours davantage au fur et à mesure qu'on se rapproche d'Arras. Il n'y a guère que les journaliers qui ne montrent point une vive satisfaction.

Ce recours à la main-d'œuvre polonaise est à tout le moins un expédient intéressant. Peut-il fournir les bases d'une solution satisfaisante et durable du difficile problème de la main-d'œuvre ? L'avenir répondra à la question.

Il faut reconnaître que remarquables ont été et sont encore les efforts faits par les exploitants pour réduire au minimum, le nombre des journaliers nécessaires au bon fonctionnement de la ferme. Il n'est machine, propre à économiser des bras, qui ne se soit trouvée accueillie avec faveur dans les campagnes. Cependant la pénurie sans cesse grandissante de la main-d'œuvre a contribué pour une part importante à changer la physionomie de nos contrées : elle suffirait presque à expliquer, en dehors de tout raisonnement d'ordre purement économique, croyons-nous, la disparition des textiles et des oléagineux. Elle explique en tout cas que le nombre des moyens et petits exploitants — qui arrivent à se tirer d'affaire avec leurs seules ressources — ait pu croître dans de fortes proportions. C'est elle enfin qui a le plus milité en faveur d'une orientation nouvelle à l'activité rurale, en obligeant le cultivateur à convertir des labours en prairies, en attribuant à ses yeux plus d'importance aux étables qu'aux granges.

*
* *

CONCLUSION

Le moment est venu de résumer les résultats acquis et de dégager les caractères généraux de cette Région de Saint-Pol à laquelle la nature n'a donné en somme qu'une individualité si peu marquée.

Ce qui la distingue, c'est son défaut d'homogénéité et ce caractère se manifeste par une succession graduée d'économies diverses : les larges champs de blé et de betteraves font place peu à peu à ceux de pommes de terre, aux prairies artificielles et aux pâtures. On passe ainsi d'une manière insensible d'Est en Ouest d'une région de culture intensive, au bétail abondant mais essentiellement soumis au régime de la stabulation, à une contrée plus paisible où l'élevage prend le pas sur la culture dans l'esprit du paysan qui lui prodigue des soins assidus.

Cette diversité d'aspects trouve sa cause profonde dans le sol lui-même qui, d'Arras à Hesdin, ne cesse de diminuer de valeur en perdant son revêtement limoneux propice aux fortes cultures et en ne livrant à la charrue qu'une terre médiocre, résultant de la décomposition de la craie, l'argile à silex, surtout favorable à l'établissement des pâtures.

La cause occasionnelle, il faut la voir dans les conditions économiques nouvelles instaurées par le développement des voies de communication, qui en procurant des débouchés lointains aux agriculteurs saint-polois, a élargi le cercle de leurs préoccupations traditionnelles et les a mis dans l'obligation de délaisser certaines cultures, d'en adopter d'autres et d'augmenter leurs moyens de production.

D'ailleurs le Pays minier voisin a contribué à faire évoluer rapidement l'économie rurale de la Région en enlevant à celle-ci la plus grande partie de ses ouvriers agricoles et en constituant d'autre part un débouché toujours assuré : l'élevage est le compromis que rendait nécessaire l'action de ces deux facteurs d'influence contraire.

C'est donc une Région en pleine transformation et qui doit à sa position géographique de participer à deux économies rurales différentes — celle du Boulonnais, caractérisée par l'élevage, celle de la plaine d'Arras où domine la culture — et de pouvoir en profiter librement, puisque le voisinage du Pays minier a favorisé et même provoqué son évolution : ainsi achève d'apparaître en dernière analyse son caractère essentiel de zone de transition.

ÉMILE BEAUJOT,

Étudiant à la Faculté des Lettres.
Lauréat de la Société.